技能大赛竞赛成果转化

零部件测绘与 CAD 成图技术

◎主　编　刘其伟　乔　慧　刘松年

◎副主编　丁明波　王　雷　宋绍刚

◎参　编　于丽丽　樊　璐　逢金栋　周龙飞　朱树涛

　　　　　张卫东　矫红英　逢格灿　董光宗　吕晓军

　　　　　朱春玲　杨　磊　岳彩虹　张亚龙　张大鹏

◎主　审　张方阳

電子工業出版社

Publishing House of Electronics Industry

北京·BEIJING

内 容 简 介

本书是技能大赛竞赛成果转化教材，包括拆装及质量检测、徒手绘图、三维建模、绘制二维零件图、绘制标准件、三维装配与仿真动画、绘制二维装配图、优化结构 8 个项目 24 个任务，是集机械制图、测量技术、公差材料、机械加工工艺、铸造工艺、焊接工艺、热处理工艺、三维二维软件操作于一体的专业实训教材。本书可帮助学习者进一步回顾国家标准，综合运用专业知识熟练进行机械零部件的测绘，用三维软件进行零部件的三维造型和装配，用二维软件进行零件草图、零件图、装配图的绘制，掌握常用测量工具的测量方法，掌握尺寸的分类、尺寸基准的确定及尺寸标注的原则和方法，理解零部件的材料、公差、配合、表面粗糙度及技术要求，从而巩固提高技术测量和三维二维造型绘图能力。

本书可作为高等学校、高职高专院校、中等职业学校、技能大赛培训基地、企业培训机构等的教学用书。

图书在版编目（CIP）数据

零部件测绘与 CAD 成图技术 / 刘其伟，乔慧，刘松年主编. —北京：电子工业出版社，2022.1

ISBN 978-7-121-42635-3

Ⅰ. ①零… Ⅱ. ①刘… ②乔… ③刘… Ⅲ. ①机械元件—测绘—计算机辅助设计—AutoCAD 软件—教材 Ⅳ. ①TH13

中国版本图书馆 CIP 数据核字（2022）第 015176 号

责任编辑：张　凌
印　　刷：三河市鑫金马印装有限公司
装　　订：三河市鑫金马印装有限公司
出版发行：电子工业出版社
　　　　　北京市海淀区万寿路 173 信箱　邮编　100036
开　　本：880×1 230　1/16　印张：15.5　字数：357.12 千字
版　　次：2022 年 1 月第 1 版
印　　次：2023 年 4 月第 2 次印刷
定　　价：49.00 元

凡所购买电子工业出版社图书有缺损问题，请向购买书店调换。若书店售缺，请与本社发行部联系，联系及邮购电话：（010）88254888，88258888。

质量投诉请发邮件至 zlts@phei.com.cn，盗版侵权举报请发邮件至 dbqq@phei.com.cn。

本书咨询联系方式：（010）88254583，zling@phei.com.cn。

前　言

全书采用"项目引领、任务驱动"的编写方式，基于项目任务，在开展任务中教学，在解决问题中学习、在完成任务中提高，有利于激发学习者探究性学习的兴趣，培养团队合作和创新精神。任务由简至难，循序渐进；课程内容极具代表性，实践性强。项目依托企业典型零件，实现了由原先教学机构到企业产品的转换，同时在仿制基础上对其进行了工艺、结构、功能等方面的优化。教材内容深入解析了测绘的整个操作流程，帮助读者明确知识要点和能力目标。按照详细的实际绘制步骤，读者可轻松制作出书中的样图，实现举一反三、融会贯通。

本书是技能大赛竞赛成果转化教材，包括拆装及质量检测、徒手绘图、三维建模、绘制二维零件图、绘制标准件、三维装配与仿真动画、绘制二维装配图、优化结构 8 个项目 24 个任务，是集机械制图、测量技术、公差材料、机械加工工艺、铸造工艺、焊接工艺、热处理工艺、三维二维软件操作于一体的专业实训教材。学习者通过本书将所学的知识和技能进行综合运用，能够掌握草图、零件图、装配图的绘制方法；常用拆装、测量工具的使用方法；尺寸分类、尺寸基准的确定及尺寸标注的原则和方法；零件材料、公差、配合、表面粗糙度及技术要求等。本书是对专业基础课程知识的重构、对传统手工测绘实训的创新发展性升级。书中内容帮助学习者测量分析零件的结构和特性；理解机械零件几何精度的国家标准、ISO标准和行业标准；掌握极限与配合、几何公差的标注方法。使更多学习者能够体验大赛模式，通过对质量控制、团队协作、职业素养等的全面培养来提高学习者的逆向设计能力。

本书可作为高等学校、高职高专院校、中等职业学校、技能大赛培训基地、企业培训机构等的教学用书。

本书由刘其伟、乔慧、刘松年担任主编，丁明波、王雷、宋绍刚担任副主编，张方阳担任主审。编写人员及编写分工为：张卫东、逄金栋、吕晓军、矫红英、董光宗编写项目一，于丽丽编写项目二，乔慧、王雷、宋绍刚、杨磊、岳彩虹编写项目三和项目七，丁明波、逄格灿编写项目四，樊璐编写项目五、周龙飞编写项目六，朱树涛编写项目八，朱春玲编写附录，广州中望龙腾软件股份有限公司张亚龙、张大鹏高级工程师全程参与编写指导。刘其伟、刘松年、丁明波综合教学零件与工艺零件，涵盖常用机构，精心设计了本书所用机构。整个编写组是由全国职业院校技能大赛金牌教练组成的，感谢团队中每一位成员为编写本书付出的努力，同时感谢电子工业出版社及各位编辑的大力协助。

在编写过程中，国家"万人计划"专家、惠州城市职业学院副校长张方阳提出了宝贵意见与建议，给予大量指导和支持；本书的编写也得到青岛市教育科学研究院、青岛理工大学、青岛工程职业学院、山东省轻工工程学校、青岛西海岸新区职业中等专业学校、青岛西海岸新区中德应用技术学校、胶州市职业教育中心学校、青岛西海岸新区高级职业技术学校、莱西市机械工程学校、青岛市城阳区职业教育中心学校、泰安市理工中等专业学校、临沂市理工学校、无棣县职业中等专业学校等院校的大力支持，在此表示衷心感谢！

由于编者水平有限，疏漏之处在所难免，恳请专家和广大读者批评指正。

编　者

目　录

项目 **1** 拆装及质量检测

任务 1 拆装蜗杆传动机构

 **学习目标**

◇ 知识目标

1. 通过拆装，了解机构的详细结构。
2. 了解机构中各零件的作用、构造和安装位置。
3. 学习安全文明生产，提高职业素养。

◇ 能力目标

能够更加熟练地拆装零部件。

 **任务分析**

本任务以蜗杆传动机构的拆装为例，通过对机构的拆卸、组装，全面了解机构的工作原理、用途、构造，以及各零件的主要结构、形状，弄清各零件之间的相对位置及装配连接关系。通过利用工具对机构进行合理的拆装及对各零件的整齐摆放，掌握 7S（整理、整顿、清扫、清洁、素养、安全、速度/节约）现场管理法，提升职业素养和综合能力。

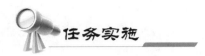
任务实施

1. 了解蜗杆传动机构的结构

蜗杆传动机构如图 1-1-1 所示。

图 1-1-1　蜗杆传动机构

2. 准备拆装工具

蜗杆传动机构相对比较复杂，零件较多，所以准备的工具应相对多一些，包括拔销器、轴承拉拔器、卡簧钳、活扳手、成套呆扳手（又叫开口扳手）、锤子、螺丝刀、铜棒等。其中铜棒用来对一些配合较紧的零件进行敲击。

3. 拆卸蜗杆传动机构

（1）拆出机构端盖。

使用内六角扳手、拔销器、十字螺丝刀等工具，拆出机构端盖，并摆放整齐，如图 1-1-2、图 1-1-3 所示。

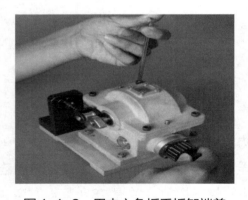

图 1-1-2　用内六角扳手拆卸端盖

图 1-1-3　整齐摆放参考图

（2）拆出蜗轮轴。

使用内六角扳手、外卡簧钳、轴承拉拔器等工具，拆出蜗轮轴，并摆放整齐，如图 1-1-4～图 1-1-9 所示。

图 1-1-4　整体拆卸蜗轮轴

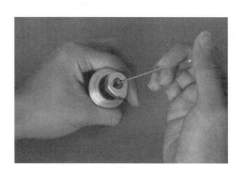

图 1-1-5　用内六角扳手拆卸齐缝螺钉

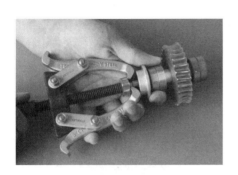

图 1-1-6　用轴承拉拔器拆卸凸轮

图 1-1-7　用外卡簧钳拆卸卡簧

图 1-1-8　整齐摆放参考图（a）

图 1-1-9　整齐摆放参考图（b）

（3）拆出蜗杆轴。

使用内六角扳手、尖嘴钳、外卡簧钳、轴承拉拔器等工具，拆出蜗杆轴，并摆放整齐，如图 1-1-10～图 1-1-17 所示。

图 1-1-10　用尖嘴钳拆卸止动螺母

图 1-1-11　用内六角扳手拆卸上通盖

图 1-1-12　整体拆卸蜗杆轴（a）

图 1-1-13　整体拆卸蜗杆轴（b）

图 1-1-14　用内六角扳手拆卸下通盖

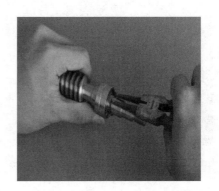

图 1-1-15　用外卡簧钳拆卸卡簧

图 1-1-16　整齐摆放参考图（a）

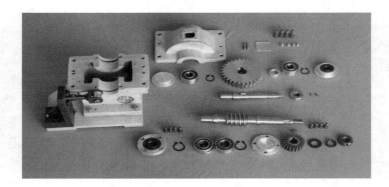

图 1-1-17　整齐摆放参考图（b）

（4）拆出缸体滑块。

使用内六角扳手、外卡簧钳、一字螺丝刀等工具，拆出缸体滑块，并摆放整齐，如图 1-1-18～图 1-1-22 所示。

图 1-1-18　拆卸缸体滑块

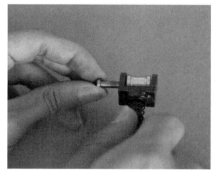

图 1-1-19　拆卸传动销

图 1-1-20　用螺丝刀拆卸螺钉

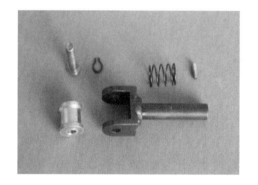

图 1-1-21　整齐摆放参考图（a）

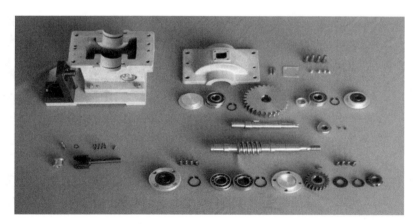

图 1-1-22　整齐摆放参考图（b）

（5）拆出支座和箱体。

使用内六角扳手等工具，拆出支座和箱体，并摆放整齐，如图 1-1-23～图 1-1-26 所示。

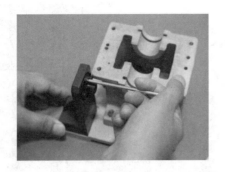

图1-1-23　用内六角扳手拆卸套筒（a）

图1-1-24　用内六角扳手拆卸套筒（b）

图1-1-25　用内六角扳手拆卸支座

图1-1-26　整齐摆放参考图

（6）拆出箱体、油标和螺塞。

将各零件摆放整齐，使用拔销器、紫铜棒、尖嘴钳等工具，拆出箱体、油标和螺塞，并摆放整齐，如图1-1-27～图1-1-33所示。

图1-1-27　用紫铜棒打销

图1-1-28　用拔销器拆卸定位销

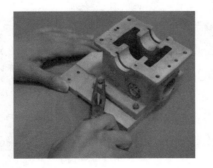

图1-1-29　用尖嘴钳拆卸螺钉

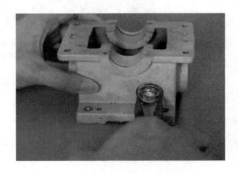

图1-1-30　用尖嘴钳拆卸油标

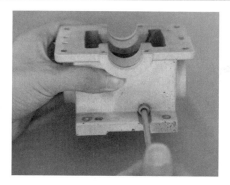

图 1-1-31　用内六角扳手拆卸螺钉

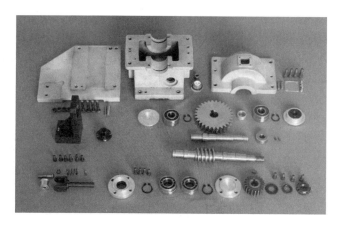

图 1-1-32　整齐摆放参考图（a）

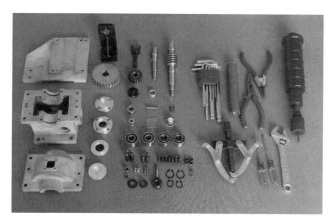

图 1-1-33　整齐摆放参考图（b）

4. 安装蜗杆传动机构

蜗杆传动机构的安装可根据其拆卸步骤进行逆向安装即可。

 相关知识

1. 7S 现场管理法

7S 现场管理法简称 7S，包括整理（Seiri）、整顿（Seiton）、清扫（Seiso）、清洁（Seike）、素养（Shitsuke）、安全（Safety）和速度/节约（Speed/Saving）

（1）整理（Seiri）。

将生产现场需要要的与不需要的人、事、物分开，再将不需要的人、事、物加以处理，这是改善生产现场的第一步。其要点是对生产现场的各种物品进行分类，区分什么是现场需要的，什么是现场不需要的；对于现场不需要的物品，要坚决清理出生产现场。

整理的目的：增加作业面积；物流畅通、防止误用等。

（2）整顿（Seiton）。

把需要的人、事、物加以定量、定位。通过前一步整理后，对生产现场需要留下的物品进行科学合理的布置和摆放，以便用最快的速度取得所需之物，在最有效的规章、制度和最简捷的流程下完成作业。

整顿的目的：使工作场所整洁明了，一目了然，减少取放物品的时间，提高工作效率，保持井井有条的工作秩序区。

（3）清扫（Seiso）。

及时清理生产现场，把工作场所打扫干净，使之恢复正常。生产现场在生产过程中会产生灰尘、油污、铁屑、垃圾等，从而使现场变脏，必须通过清扫活动来清除那些脏物，创建一个明快、舒畅的工作环境。

清扫的目的：使员工保持良好的工作情绪，并保证稳定产品的品质，最终达到生产工作的零故障和零损耗。

（4）清洁（Seike）。

整理、整顿、清扫之后要认真维护，使生产现场保持最佳状态。清洁，是对前三项活动的坚持与深入，从而消除发生安全事故的根源。创造良好的工作环境，使员工能愉快地工作。

清洁的目的：使整理、整顿和清扫工作成为一种惯例和制度，是标准化的基础，也是养成良好的职业素养的开始。

（5）素养（Shitsuke）。

素养即教养，努力提高人员的素养，养成严格遵守规章制度的习惯和作风，这是"7S"活动的核心。没有人员素质的提高，各项活动就不能顺利开展，开展了也坚持不了。所以，开展"7S"活动，要始终着眼于提高学生的综合素质。

素养的目的：通过提高素养，使学生成为遵守规章制度、具有良好职业素养习惯的人，为今后踏入社会打下坚实的基础。

（6）安全（Safety）。

安全即清除隐患，排除险情，预防事故的发生。

安全的目的：保障人身安全，保证生产连续安全正常的进行，同时减少因安全事故带来的损失。

（7）速度/节约（Speed/Saving）。

速度/节约就是对时间、空间、能源等方面合理利用，以发挥它们的最大效能，从而创造一个高效的、物尽其用的工作场所。

速度/节约的目的：对整理工作进行补充和指导，培养学生养成勤俭节约的好习惯。

2. 拆卸基本技术要求

（1）卸前必须了解清楚设备及其部件的结构，以便拆卸和修理后再装配。

（2）拆卸前应在零部件相应位置上划线作出标记。在拆卸有规定方向、记号的零件或组合件时，应标清方向和记号，若失去标记应重新标记。

（3）拆卸工作应按一定的顺序进行，拆卸顺序与装配顺序相反，先拆外部附件，然后按部件、组件进行拆卸。在拆卸部件或组件时，应按照先外后内，先上后下的顺序，依次进行。拆卸时应合理的选用工具和设备，严禁乱敲乱打。所用工具一定要与被拆卸的零件相适应。

（4）拆卸时，零件回松的方向、厚度端、大小头，必须辨别清楚。

（5）拆下的零部件必须有次序、有规则的安放，避免杂乱和堆积。

（6）拆下的零件应及时擦拭干净或除油，要尽可能按原来的结构连接在一起（如螺钉、螺母、垫圈、销子等）。

（7）零件须标上编号（贴标签），以免装配时发生错误而影响其原有的配合性质。

（8）比较细长的零件，拆下后要悬挂立放，以免变形。

3. 摆放原则

（1）按 7S（整理、整顿、清扫、清洁、素养、安全、速度/节约）制度标准执行。

（2）同类零件摆放整齐，工具、量具和零件分类摆放。

（3）工具和量具不落地、拆卸零件不落地、油污和脏物不落地。

（4）工作台面要保持干净，且台上物品要依规定有秩序地整齐放置，使上一道工序方便于下一道工序操作，让工作流程顺畅，提高工作效率。

4. 拆卸工具的使用

（1）拔销器。

拔销器如图 1-1-34 所示，使用方法：用带有外螺纹的快速接头与能与该接头相配合的铰接销内螺纹连接，将滑块放入滑杆，用相配套的螺母固定滑杆的另一端，向外用力拉动滑块，使滑块在滑杆上来回滑动，不断循环撞击螺母，铰接销快速被拔出。

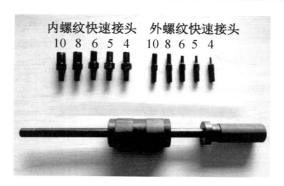

图 1-1-34　拔销器

（2）轴承拉拔器。

轴承拉拔器是将轴承从轴承座内取出的装置，其包括安装板、拉力螺栓和通丝螺栓。拉力螺栓不少于两个，每个拉力螺栓的底部有能挂住轴承底部的拉爪，在每个拉力螺栓上安装有紧固螺母，在安装板的中部有不少于一个的长孔，长孔的宽度大于拉力螺栓的直径，每个拉力螺栓的下端穿过长孔并伸到安装板的下方，紧固螺母能卡在长孔处的安装板上，在长孔外侧的安装板上固定有不少于两个的定位螺母。内轴承拉拔器如图 1-1-35 所示，外轴承拉拔器如图 1-1-36 所示。

图 1-1-35　内轴承拉拔器

图 1-1-36　外轴承拉拔器

（3）卡簧钳。

卡簧钳如图 1-1-37 所示，是一种用来安装内簧环和外簧环的专用工具，外形上属于尖嘴钳一类，钳头可采用内直、外直、内弯、外弯几种形式，不仅可以用于安装簧环，也能用于拆卸簧环。卡簧钳分为外卡簧钳和内卡簧钳两大类，分别用来拆装轴外用卡簧和孔内用卡簧。其中外卡簧钳又叫作轴用卡簧钳，常态时钳口闭合；内卡簧钳又叫作孔用卡簧钳，常态时钳口打开，如图 1-1-38 所示。

图 1-1-37　卡簧钳

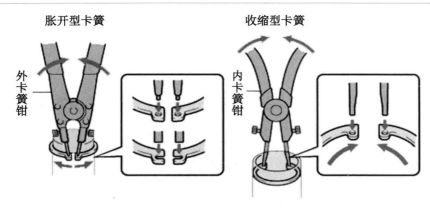

图 1-1-38　外卡簧钳、内卡簧钳的钳口常态

任务测评

对任务实施的完成情况进行检查，并将结果填入表 1-1-1 中。

表 1-1-1　任务测评表

序号	评分内容	评分明细	配分	扣分	得分
1	职业素养（50 分）	工具、量具分区摆放	5		
		工具摆放整齐、规范、不重叠	5		
		量具摆放整齐、规范、不重叠	5		
		工量具规范使用、不乱扔乱丢	5		
		工量具无跌落	5		
		衣着规范	5		
		文明礼貌、遵从教师指示	10		
		服从管理员安排	10		
2	训练结束（20 分）	训练结束恢复机构原样	10		
		训练结束清理工作现场	5		
		工量具及机构摆放规范	5		
3	安全操作（20 分）	轻微事故，工量具损坏，操作不规范，扣 10 分	20		
		一般事故，拆装机构时受伤，扣 10 分			
		严重事故，对人身安全造成伤害，扣 20 分			
4	操作时间（10 分）	准确快速拆装	10		
5	合　计		100		
6	学习体会				

如图 1-1-39 所示为齿轮泵，请按照规范和 7S 要求将其拆卸并摆放整齐。

图 1-1-39　齿轮泵

任务 2　　检测滑块零件尺寸质量

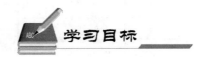

◇ 知识目标

　　掌握机械零件的长度、直径等尺寸的检测方法。

◇ 能力目标

　　能正确选用测量工具进行测量，并会分析测量数据，判断零件是否合格。

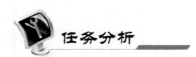

尺寸精度是指加工后零件的实际尺寸与零件尺寸的公差带中心的相符合程度。质量检测，就是将测量值与图样要求进行比较，进而判断被测零件的尺寸精度是否合格。常见的尺寸精度检测包括长度、外径、内径等的检测。本任务以滑块为例，通过检测其长度、外径、内径等尺寸精度，判断零件是否合格。

如图 1-2-1 所示为蜗杆传动机构中的零件滑块，使用合适的测量工具，测量滑块指定部位的尺寸，在质量检测报告书上填写检测数据，判断零件的合格性，并简要说明对所测零件

的处理意见。

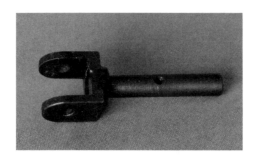

图 1-2-1 滑块

1. 测量外径

外径尺寸 $\phi 8_{-0.035}^{-0.013}$ mm 如图 1-2-2 所示。

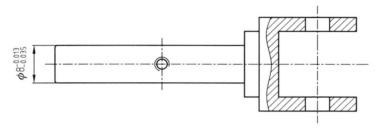

图 1-2-2 外径尺寸

（1）选择量具。

尺寸 $\phi 8_{-0.035}^{-0.013}$ mm 的公差为 0.022mm，精度要求较高，游标卡尺不能满足测量精度要求。因此应选用外径千分尺进行检测。

外径千分尺的测量范围有 0～25mm、25～50mm、50～75mm 等多种规格，本任务中外径的基本尺寸为 8mm，尺寸公差为 0.022mm，因此选用测量范围为 0～25mm、测量精度为 0.01mm 的外径千分尺就能满足测量要求。

（2）测量及数据处理。

按照外径千分尺的正确使用方法，在零件外径上分别取 5 个测量点，读取不同测量位置的尺寸，记入测量数据表 1-2-1 内，作为判断所测尺寸是否合格的依据。

表 1-2-1 外径尺寸测量结果

测量次数	1	2	3	4	5
测量值/mm	7.986	7.990	7.985	7.989	7.987

结论：外径尺寸 $\phi 8_{-0.035}^{-0.013}$ mm 的最大极限尺寸为 7.987mm，最小极限尺寸为 7.965mm。5 次测量结果的均值为 7.9874mm，测量结果超差，所以判定尺寸不合格，但外径尺寸比最大极限尺寸要大，可以返修。

2. 测量长度

长度尺寸 $20^{-0.02}_{-0.053}$ mm 如图 1-2-3 所示。

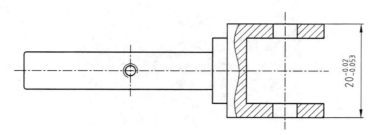

图 1-2-3　长度尺寸

（1）选择量具。

尺寸 $20^{-0.02}_{-0.053}$ mm 的公差为 0.033mm，精度要求较高，所以选用外径千分尺检测。

本任务中长度的基本尺寸为 20mm，所以选用测量范围为 0～25mm、测量精度为 0.01mm 的外径千分尺进行检测。

（2）测量及数据处理。

按照外径千分尺的正确使用方法，在零件长度方向分别取 5 个测量点，读取不同测量位置的尺寸，记入测量数据表 1-2-2 内，作为判断所测尺寸是否合格的依据。

表 1-2-2　长度尺寸测量结果

测量次数	1	2	3	4	5
测量值/mm	19.964	19.970	19.965	19.966	19.968

结论：长度尺寸 $20^{-0.02}_{-0.053}$ mm 的最大极限尺寸为 19.980mm，最小极限尺寸为 19.947mm。此长度尺寸的 5 次测量值都在公差范围内，5 次测量的均值 19.9666mm 肯定在公差范围内，该尺寸合格。

3. 测量内径

内径尺寸 $\phi 5^{+0.018}_{0}$ mm 如图 1-2-4（a）所示。

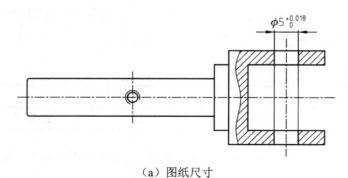

（a）图纸尺寸　　　　　　　　　　　　　（b）测量方法

图 1-2-4　测量内径尺寸

（1）选择量具。

尺寸$\phi 5^{+0.018}_{0}$mm 的公差为 0.018mm，精度要求较高，所以选用内径千分尺检测。

本任务中内径的基本尺寸为 5mm，所以选用测量范围为 0～25mm、测量精度为 0.01mm 的内径千分尺进行检测。

（2）测量及数据处理。

按照内径千分尺的正确使用方法（测量方法如图 1-2-4（b）所示），在零件内孔分别取 5 个测量点，读取不同测量位置的尺寸，记入测量数据表 1-2-3 内，作为判断所测尺寸是否合格的依据。

表 1-2-3　内径尺寸测量结果

测量次数	1	2	3	4	5
测量值/mm	5.016	5.018	5.019	5.018	5.020

结论：内径尺寸$\phi 5^{+0.018}_{0}$mm 的最大极限尺寸为 5.018mm，最小极限尺寸为 5mm。5 次测量结果的均值为 5.0182mm，测量结果超出最大极限尺寸，所以判定尺寸不合格，并且内径尺寸比最大极限尺寸要大，无法返修。

4．测量长度

长度尺寸$14^{+0.027}_{0}$mm 如图 1-2-5（a）所示。

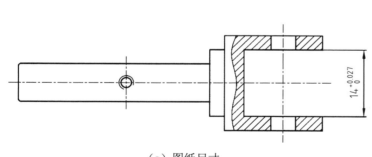

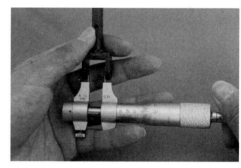

（a）图纸尺寸　　　　　　　　　　　　　（b）测量方法

图 1-2-5　测量长度尺寸

（1）选择量具。

选择的量具为测量范围为 0～25mm、测量精度为 0.01mm 的内径千分尺。

（2）测量及数据处理。

测量方法如图 1-2-5（b）所示，测量数据如表 1-2-4 所示。

表 1-2-4　长度尺寸测量结果

测量次数	1	2	3	4	5
测量值/mm	14.020	14.019	14.021	14.019	14.018

结论：长度尺寸$14^{+0.027}_{0}$mm 的最大极限尺寸是 14.027mm，最小极限尺寸是 14mm。此长

度尺寸的 5 次测量值都在公差范围内，5 次测量的均值 14.0194mm 肯定在公差范围内，该尺寸合格。

5. 填写质量检测报告

根据每一项的检测结果，判断整个零件的检测结果，填写零件质量检测报告，如表 1-2-5 所示。如果每一项都是合格的，则零件为合格品；如果有一项不合格，且不可返修，则零件为废品；如果有不合格的项，但可返修，则判定零件为次品。最终的处理意见：合格品入库、废品废弃、次品返修。

表 1-2-5　滑块零件质量检测报告

零件名称	滑块					检测件数	1

（测量零件图）

序号	项目	尺寸要求	使用的量具	测量结果/mm					项目判定
				No.1	No.2	No.3	No.4	No.5	是否合格
1	外径	$\phi 8_{-0.035}^{-0.013}$	外径千分尺	7.986	7.990	7.985	7.989	7.987	是　否✓
2	内径	$\phi 5_{0}^{+0.018}$	内径千分尺	5.016	5.018	5.019	5.018	5.020	是　否✓
3	长度	$14_{0}^{+0.027}$	内径千分尺	14.020	14.019	14.021	14.019	14.018	是✓　否
4	长度	$20_{-0.053}^{-0.02}$	外径千分尺	19.964	19.970	19.965	19.966	19.968	是✓　否
结论		合格　　　次品　　　废品✓							
处理意见		需要检测的尺寸中有两个合格，两个不合格，其中 $\phi 8_{-0.035}^{-0.013}$ mm 尺寸不合格，但可以返修，$\phi 5_{0}^{+0.018}$ mm 尺寸不合格，无法返修，综合考虑，此零件判定为废品，做废弃处理。							

相关知识

1. 极限与配合

现代化机械制造工业中大多数产品成批生产或大量生产，要求生产出来的零件不经任何修配和挑选就能装到机器上去，并能达到规定的配合（紧松要求）和满足所需要的技术要求。在同一规格的一批零件中，任取一个，不需任何挑选或附加修配就能装在机器上，并达到规定的技术性能要求，我们称这种零件具有互换性。互换性在机械制造中具有重要的作用。例如，自行车和手表的零件损坏后，修理人员很快就可以换上相同规格的零件，恢复自行车和手表的功能。在实际生产过程中，加工出来的零件不可避免地会产生误差，这种误差称为加工误差。实践证明，只要加工误差控制在一定范围内，零件就能够具有互换性。

按零件的加工误差及其控制范围制定出的技术标准，称为极限与配合标准，它是实现互换性的基础。为了满足各种不同精度的要求，国家标准 GB/T 1800.1—2009《产品几何技术规范（GPS） 极限与配合 第 1 部分：公差、偏差和配合的基础》规定标准公差分为 20 个公差等级（公差等级是指确定尺寸精确程度的等级），它们是 IT01、IT0、IT1、IT2、…、IT18。IT 表示标准公差，数字表示公差等级。

2. 加工精度

加工精度是指实际零件的形状、尺寸和理想零件的形状、尺寸相符合的程度。精度的高低用公差来表示。

尺寸精度及其检验如下。

（1）尺寸精度。

尺寸精度是指实际零件的尺寸和理想零件的尺寸相符合的程度，即尺寸准确的程度，尺寸精度是由尺寸公差（简称公差）控制的。同一基本尺寸的零件，公差值的大小就决定了零件的精确程度，公差值越小，精度越高，公差值越大，精度越低。

（2）尺寸精度的检验。

尺寸精度常用游标卡尺、千分尺等工具来检验。若测得尺寸在最大极限尺寸和最小极限尺寸之间，则零件合格。若测得尺寸大于最大极限尺寸，则零件不合格，需要进一步加工。若测得尺寸小于最小极限尺寸，则零件报废。

对任务实施的完成情况进行检查，并将结果填入表 1-2-6。

表 1-2-6　任务测评表

序号	评分内容	评分明细	配分	扣分	得分
1	测量工具的选用（20 分）	测量工具选用正确，错一处扣 5 分，扣完为止	20		
2	测量工具的使用（20 分）	测量工具使用方法正确，不正确每次扣 5 分，不会使用每次扣 10 分，扣完为止	20		
3	测量结果的准确性（40 分）	测量数据写在表格中相应位置、测量结果准确，错一处扣 2 分，扣完为止	40		
4	结论的正确性（20 分）	结论正确性	10		
		处理意见正确性	10		
5	合　计		100		
6	学习体会				

巩固与提高

如图 1-2-6 所示是上通盖的零件图，练习选用合适的量具测量图示尺寸，并判断是否符合零件图要求，写出质量检测报告，如表 1-2-7 所示。

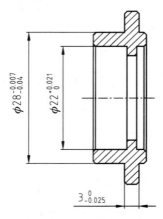

图1-2-6　测量尺寸

表 1-2-7　上通盖零件质量检测报告

零件名称								检测件数	

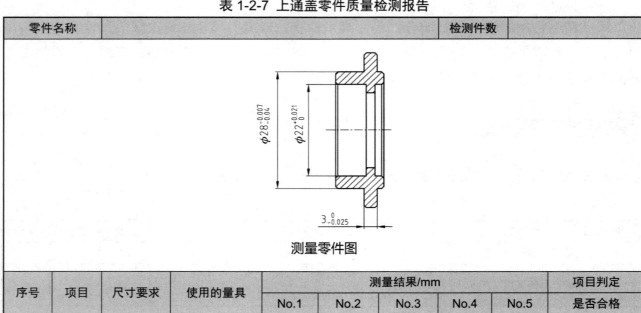

测量零件图

序号	项目	尺寸要求	使用的量具	测量结果/mm					项目判定
				No.1	No.2	No.3	No.4	No.5	是否合格
1	长度	$3_{-0.025}^{0}$							是　否
2	外径	$\phi 28_{-0.04}^{-0.007}$							是　否
3	内径	$\phi 20_{0}^{+0.021}$							是　否
结论			合格　　次品　　废品						
处理意见									

任务 3　检测下通盖零件尺寸及几何公差质量

学习目标

◇ 知识目标

　　掌握机械零件中的外圆、内孔直径尺寸及同轴度、垂直度几何公差的检测方法。

◇ 能力目标

　　能正确选用测量工具进行测量，并会分析测量数据，判断零件是否合格。

任务分析

　　几何公差与尺寸公差一样，是衡量产品质量的重要技术指标之一。零件的形状和位置误差对产品的工作精度、密封性、运动平稳性、耐磨性和使用寿命等都有很大的影响。为此，不仅要控制零件的尺寸公差、表面轮廓误差，而且还要控制零件的几何公差。本任务以下通盖为例，通过检测其外径、内径等尺寸精度和指定位置的同轴度、垂直度，判断零件是否合格。

任务实施

　　如图 1-3-1 所示为蜗杆传动机构中的下通盖零件实物图，使用合适的测量工具，测量下通盖零件指定部位的尺寸公差及几何公差，在质量检测报告书上填写检测数据，做出零件的合格性判断，并简要说明对所测零件的处理意见。

图 1-3-1　下通盖

1. 测量内径

内径尺寸 $\phi 25^{+0.052}_{0}$ mm 如图 1-3-2 所示。

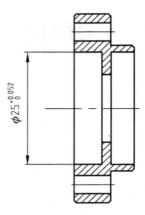

图 1-3-2　内径尺寸

（1）选择量具。

尺寸 $\phi 25^{+0.052}_{0}$ mm 的公差为 0.052mm，精度要求不高，游标卡尺能够满足测量的精度要求，所以可以选用游标卡尺进行检测。但是考虑到读数的精确性，建议使用内径千分尺测量。

内径千分尺按测量范围分有 5～30mm、25～50mm、50～75mm 等多种规格，本任务中内径的基本尺寸为 25mm，尺寸公差为 0.052mm，因此选用测量范围为 5～30mm、测量精度为 0.01mm 的内径千分尺进行测量。

（2）测量及数据处理。

按照内径千分尺的正确使用方法，在零件内径上分别取 5 个测量点，读取不同测量位置的尺寸，记入测量数据表 1-3-1 内，作为判断所测尺寸是否合格的依据。

表 1-3-1　内径尺寸测量结果

测量次数	1	2	3	4	5
测量值/mm	25.002	24.995	25.000	25.003	24.997

结论：内径尺寸 $\phi 25^{+0.052}_{0}$ mm 的最大极限尺寸为 25.052mm，最小极限尺寸为 25mm。5 次测量结果的均值为 24.9994mm，小于最小极限尺寸，所以判定尺寸不合格。但超差的尺寸比内径最小极限尺寸要小，对于内孔来说还可以返修。

2. 测量外径

外径尺寸 $\phi 28^{-0.02}_{-0.041}$ mm 如图 1-3-3 所示。

（1）选择量具。

尺寸 $\phi 28^{-0.02}_{-0.041}$ mm 的公差为 0.021mm，精度要求较高，所以选用外径千分尺测量。本任务中外径的基本尺寸为 28mm，所以选用测量范围为 25～50mm、测量精度为 0.01mm 的外径千分尺进行测量。

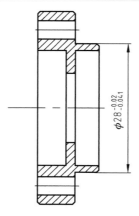

图 1-3-3　外径尺寸

（2）测量及数据处理。

按照外径千分尺的正确使用方法，在零件长度方向分别取 5 个测量点，读取不同测量位置的尺寸，记入测量数据表 1-3-2 内，作为判断所测尺寸是否合格的依据。

表 1-3-2　外径尺寸测量结果

测量次数	1	2	3	4	5
测量值/mm	27.978	27.975	27.973	27.980	27.975

结论：外径尺寸 $\phi 28_{-0.041}^{-0.02}$ mm 的最大极限尺寸是 27.980mm，最小极限尺寸是 27.959 mm。此外径尺寸的 5 次测量值都在公差范围内，5 次测量的均值 27.9762 mm 肯定在公差范围内，该尺寸合格。

3. 测量垂直度几何公差

下通盖小端端面在蜗杆传动机构中有固定轴承的功能要求，为了实现小端端面与轴承的贴合，应添加相对于 $\phi 28$ 外圆轴线的垂直度要求。下通盖零件图如图 1-3-4 所示。

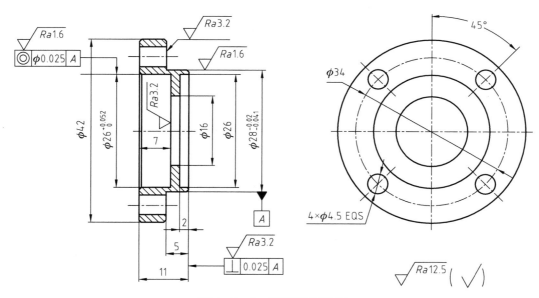

图 1-3-4　下通盖零件图

（1）选择量具。

选用测量平台、百分表座、百分表、V形垫铁进行测量。

（2）测量及数据处理。

将 V 形垫铁及百分表座放置在测量平台上并固定，百分表安装到百分表座上，下通盖 ϕ28mm 外圆放置在垫铁的 V 形槽内，百分表与下通盖小端端面接触并有适度的压紧力，下通盖在 V 形槽内沿自身轴线周向转动，该过程中百分表表针会有摆动。测量方法如图 1-3-5 所示。

图1-3-5　测量方法

按照以上方法，连续测量 5 次，将读取的数据记入测量数据表 1-3-3 内，作为判断所测尺寸是否合格的依据。

表 1-3-3　垂直度几何公差测量结果

测量次数	1	2	3	4	5
测量值/mm	0.023	0.022	0.025	0.021	0.020

结论：测量结果表明，5 次测量数据均在设计要求范围之内，所以判定该零件下端端面垂直度几何公差合格。

4. 测量同轴度几何公差

ϕ26mm 内孔的功能是包容、支承密封环，为了保证密封环与蜗杆轴均匀接触，应该添加相对于小端 ϕ28mm 外圆轴线为基准的同轴度要求。零件图如图 1-3-4 所示。

（1）选择量具。

选用测量平台、百分表座、百分表、V 形垫铁进行测量。

（2）测量方法及数据处理。

将 V 形垫铁及百分表座放置在测量平台上并固定，百分表安装到百分表座上，下通盖 ϕ28mm 外圆放置在垫铁的 V 形槽内，百分表与下通盖大端内孔接触并有适度的压紧力，下通盖在 V 形槽内沿自身轴线周向转动，该过程中百分表表针会有摆动。测量方法如图 1-3-6 所示。

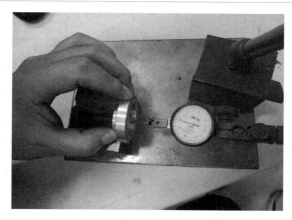

图1-3-6 测量方法

按照以上方法，连续测量 5 次，将读取的数据记入测量数据表 1-3-4 内，作为判断所测尺寸是否合格的依据。

表 1-3-4 同轴度几何公差测量结果

测量次数	1	2	3	4	5
测量值/mm	$\phi 0.025$	$\phi 0.024$	$\phi 0.025$	$\phi 0.022$	$\phi 0.023$

结论：测量结果表明，5 次测量数据均在同轴度公差范围之内，所以判定该零件大端内孔同轴度几何公差合格。

5. 填写质量检测报告

根据每一项的检测结果，判断整个零件的检测结果，填写零件质量检测报告，如表 1-3-5 所示。如果每一项都是合格的，则零件为合格品；如果有一项不合格，且不可返修，则零件为废品；如果有不合格的项，但可返修，则判定零件为次品。最终的处理意见：合格品入库、废品废弃、次品返修。

表 1-3-5 下通盖零件质量检测报告

零件名称	下通盖		检测件数	1
	测量零件图			

续表

序号	项目	尺寸要求	使用的量具	测量结果/mm					项目判定	
				No.1	No.2	No.3	No.4	No.5	是否合格	
1	内径	$\phi25^{+0.052}_{0}$	外径千分尺	25.002	24.995	25.000	25.003	24.997	是	否 ✓
2	外径	$\phi28^{-0.02}_{-0.041}$	内径千分尺	27.978	27.975	27.973	27.980	27.975	是 ✓	否
3	⊥	⊥ 0.025 A	内径千分尺	0.023	0.022	0.025	0.021	0.020	是 ✓	否
4	◎	◎ $\phi0.025$ A	外径千分尺	$\phi0.025$	$\phi0.024$	$\phi0.025$	$\phi0.022$	$\phi0.023$	是 ✓	否
结论		合格		次品 ✓		废品				
处理意见		需要检测的尺寸中有一个合格，三个不合格。其中 $\phi25^{+0.052}_{0}$ mm 尺寸不合格，但内径小了可以返修，返修 $\phi25^{+0.052}_{0}$ mm 尺寸至公差范围，合格后入库。所以此零件判定为次品。								

 相关知识

1. 几何公差特征项目

几何公差分为形状公差、方向公差、位置公差、跳动公差四大类。形状公差分为直线度、平面度、圆度、圆柱度、线轮廓度、面轮廓度六项；方向公差分为平行度、垂直度、倾斜度、线轮廓度、面轮廓度五项，位置公差包括位置度、同心度（用于中心点）、同轴度（用于轴线）、对称度、线轮廓度、面轮廓六项；跳动公差包括圆跳动、全跳动两项。几何公差特征项目共十九项。

2. 几何公差的框格和指引线

几何公差的标注采用框格形式，框格用细实线绘制如图 1-3-7 所示。每一个公差框格内只能表达一项几何公差的要求，公差框格根据公差的内容要求可分为两格或者多格。框格内从左到右要求填写以下内容。

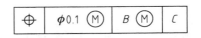

图 1-3-7 几何公差的标注形式

第一格——几何公差特征的符号。

第二格——几何公差数值和有关符号。

第三格和以后各格——基准符号的字母和有关符号。

由于形状公差无基准，所以形状公差只有两格，而位置公差框格可用三格或多格，如图 1-3-8 所示。

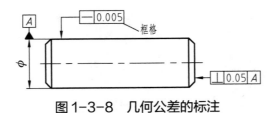

图 1-3-8 几何公差的标注

对任务实施的完成情况进行检查，并将结果填入表 1-3-6。

表 1-3-6　任务测评表

序号	评分内容	评分明细	配分	扣分	得分
1	测量工具的选用（20分）	测量工具选用正确，错一处扣5分，扣完为止	20		
2	测量工具的使用（20分）	测量工具使用方法正确，不正确每次扣5分，不会使用每次扣10分，扣完为止	20		
3	测量结果的准确性（40分）	测量数据写在表格中相应位置、测量结果准确，错一处扣2分，扣完为止	40		
4	结论的正确性（20分）	结论正确性	10		
		处理意见正确性	10		
5	合　计		100		
6	学习体会				

如图 1-3-9 所示为止位套零件图，选用合适的工量具测量图中所示尺寸，并判断是否符合零件图要求，填写零件质量检测报告，如表 1-3-7 所示。

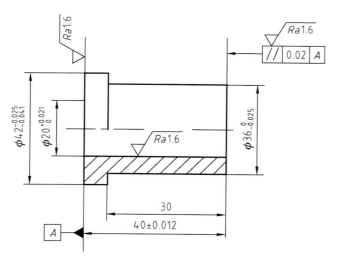

图 1-3-9　止位套零件图

表 1-3-7　止位套零件质量检测报告

| 零件名称 | | | | | | | | 检测件数 | |

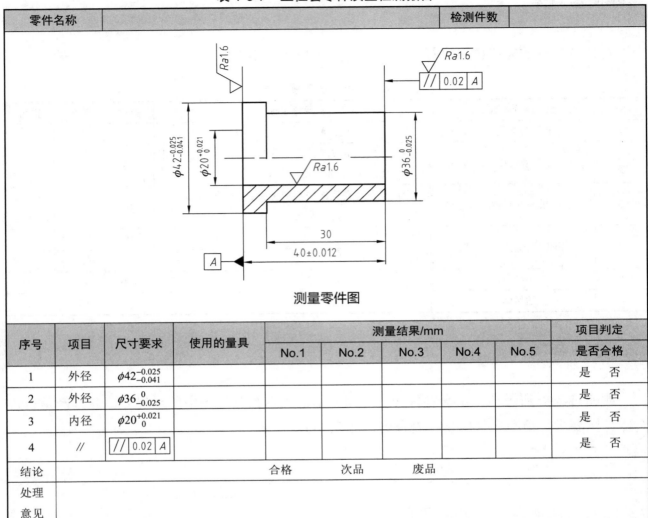

测量零件图

序号	项目	尺寸要求	使用的量具	测量结果/mm					项目判定
				No.1	No.2	No.3	No.4	No.5	是否合格
1	外径	$\phi42_{-0.041}^{-0.025}$							是　否
2	外径	$\phi36_{-0.025}^{0}$							是　否
3	内径	$\phi20_{0}^{+0.021}$							是　否
4	//	// 0.02 A							是　否
结论		合格　　　次品　　　废品							
处理意见									

项目2 徒手绘图

任务 1　测绘蜗轮轴

学习目标

◇ 知识目标

　1. 了解测绘的应用。

　2. 掌握徒手绘制零件草图的方法及步骤。

　3. 掌握线性尺寸和非线性尺寸的测量方法。

◇ 能力目标

　能够准确测量零件，画出规范的零件草图。

任务分析

　　蜗轮轴是蜗杆传动机构的主要零件之一，用于支承、定位，以及传递转矩。蜗轮轴及其所在机构如图 2-1-1 所示。分析蜗轮轴的结构及功用，绘制蜗轮轴的零件草图。

　　按照图 2-1-2 所示格式要求，徒手绘制标题栏，尺寸自定，并在"零件名称""材料""比例""数量"及装订边处的"信息栏"填写信息。

（a）蜗轮轴

（b）蜗轮轴所在机构

图 2-1-1　蜗轮轴及其所在机构

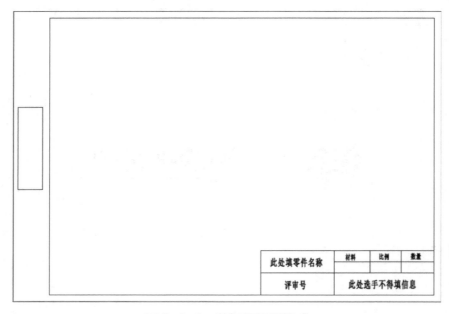

此处填零件名称	材料	比例	数量
评审号	此处选手不得填信息		

图 2-1-2　草图标题栏格式

　　蜗轮轴属于轴套类零件，具有砂轮越程槽、中心孔、键槽、倒角等工艺结构。本任务是通过分析蜗轮轴在蜗杆传动机构中的功用及其结构特征，按照一定的绘图步骤绘制零件草图，完成蜗轮轴零件草图的绘制。

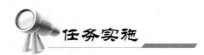
任务实施

一、任务准备

实施本任务教学所使用的实训设备及工具材料可参考表 2-1-1。

表 2-1-1　实训设备及工具材料

序号	分类	名称	型号规格	数量	单位	备注
1	工具	坐标纸	A4	1	张	
2		铅笔	H、HB、2B	3	支	
3		橡皮		1	个	
4	量具	钢直尺	0～200mm	1	把	

续表

序号	分类	名称	型号规格	数量	单位	备注
5	量具	游标卡尺	0~150mm，0~300mm	2	把	
6		螺纹样板	60°	1	套	

二、绘制零件草图

为提高绘图的准确性和效率，在绘制前，先要了解零件的形状结构和功用，在脑海中形成一个完整的零件全貌，切忌看一点儿画一点儿。在绘制草图时，要先绘制全部图形，再统一量取尺寸。因此在绘制草图时，就需要目测零件尺寸。

（1）确定图幅。

根据零件的总体尺寸及零件的视图表达方案，尽量考虑到零件的总体尺寸来确定视图比例，根据视图的表达方案来布置视图，画出图框和标题栏。

根据蜗轮轴的总体尺寸，以及蜗轮轴的视图表达方式包括一个基本视图和三个局部放大图、两个断面图，综合考虑，选择图幅为 A4 的图纸。按照要求，绘制图框和标题栏，如图 2-1-3 所示。

（2）绘制基准线。

按照先整体、后局部的原则，在基本视图绘制完成后，再绘制辅助视图。画出蜗轮轴基本视图的基准线的位置，同时考虑辅助视图和后续尺寸的标注要留有适当的位置，以免视图或尺寸超出图框或图形整体偏向图纸的某一侧，如图 2-1-4 所示。

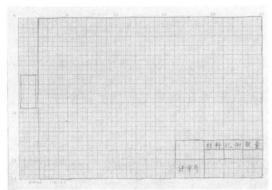

图 2-1-3　绘制图框和标题栏

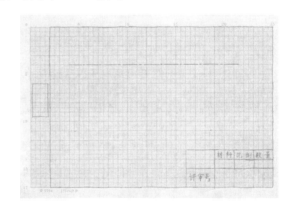

图 2-1-4　绘制基准线

💡 提示：

利用绘制出的基准线，初步估算各个视图所占位置大小，从整体看视图，调整视图位置，使视图距离坐标纸图框的上下边界、左右边界大致相同。

（3）目测零件轮廓各部分的尺寸，绘制草图底稿。

① 绘制整体结构轮廓，如图 2-1-5 所示。

② 绘制细小结构视图，完成各视图底稿，如图 2-1-6 所示。

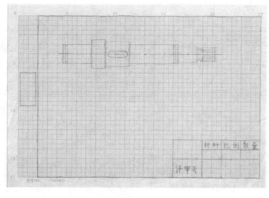

图 2-1-5　绘制整体结构轮廓

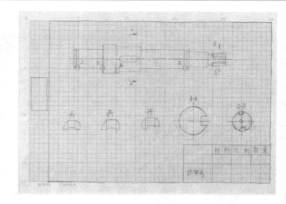

图 2-1-6　绘制细小结构轮廓

（4）绘制尺寸界线、尺寸线。

根据对零件的分析，绘制尺寸界线和尺寸线，如图 2-1-7 所示。

（5）校对尺寸，加深图线

对尺寸进行校对，检查是否有遗漏和不合理的地方，校对后，按规定线型将图线加粗加深，如图 2-1-8 所示。

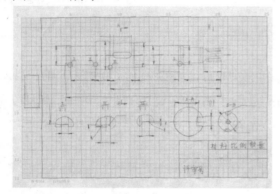

图 2-1-7　绘制尺寸界线和尺寸线

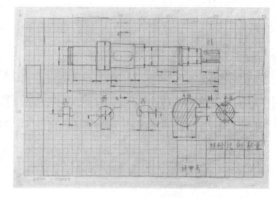

图 2-1-8　线型加粗加深

此时草图绘制阶段完成，图中缺少的尺寸数字，需要在测量之后进行标注。

三、测量尺寸

尺寸标注是绘制工程图样的一项重要内容，是制造和检验零件的依据。测量时，采用集中测量尺寸，按照一定的顺序逐一测量，防止遗漏尺寸，然后再填写尺寸数值。需要测量的尺寸如表 2-1-2 所示。

表 2-1-2　需要测量的尺寸

尺寸种类	测量要素	所用量具
线性尺寸	各圆柱轴径	游标卡尺
	轴的长度尺寸	游标卡尺
	键槽宽度和长度	游标卡尺
	中心孔的直径	游标卡尺
	弹性挡圈槽	钢直尺
非线性尺寸	螺纹的螺距	螺纹样板

由表 2-1-2 可知，线性尺寸为零件的直径和长度，通常用游标卡尺进行测量，其次使用钢直尺测量。测量时，选择正确的测量基准，功能尺寸尽量直接测量，不能直接测量时，通过尺寸链计算得出。

1. 测量线性尺寸

（1）测量轴径。

① 测量外圆直径：将游标卡尺的下量爪测量面与轴径接触，使游标卡尺的齿面与轴线垂直，防止卡尺歪斜出现测量尺寸数值不准确的情况，如图 2-1-9（a）所示。

【注意】测量较小圆柱直径或长度时，注意被测要素是否与测量面接触，如图 2-1-9 所示，以免发生错误，如图 2-1-10 所示。

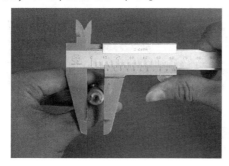
（a）测量直径

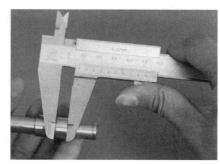
（b）测量长度

图 2-1-9　测量直径和长度

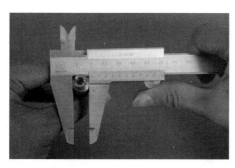
（a）被测要素在测量面之外（错误）

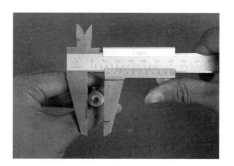
（b）被测要素在测量面之内（正确）

图 2-1-10　直径测量

② 测量孔径（中心孔）：观察中心孔的形状，判断出中心孔的型号，利用游标卡尺测量中心孔端部最小直径如图 2-1-11 所示，查阅 GB/T 4459.5—1999《机械制图　中心孔表示法》得到相关参数。

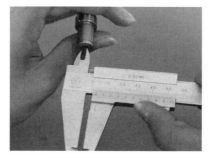

图 2-1-11　内孔测量

（2）测量长度（游标卡尺、钢直尺）。

① 测量轴段长度。

游标卡尺深度尺测量轴段长度的方法：将游标卡尺深度尺基准面与零件端面接触，如图 2-1-12（a）所示，轻轻滑动游标卡尺，使深度尺接触轴肩端面，如图 2-1-12（b）所示。

【注意】游标卡尺深度尺测量轴段长度时，在轴肩处为了防止应力集中或加工时刀尖形成，通常会有圆角结构，在测量时，选择有"缺口"的一侧来进行测量。

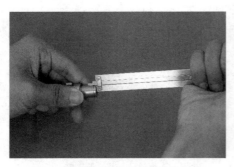 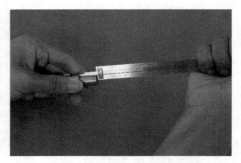

（a）基准面与零件端面接触 　　　　　　（b）深度尺接触轴肩端面

图 2-1-12　测量轴段长度

② 测量键槽的宽度和长度。

（a）键槽宽度的测量方法：将游标卡尺的上量爪与键槽侧面接触，齿面与圆柱轴线垂直，读数即可，如图 2-1-13 所示。根据键槽的宽度尺寸，通过查阅 GB/T 1095—2003《平键　键槽的剖面尺寸》获取键槽的深度。

（b）键槽长度的测量方法：使游标卡尺的上量爪接触键槽长度方向，轻微晃动尺身，找到键槽长度的最大尺寸，如图 2-1-14 所示。

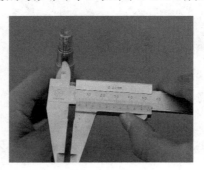 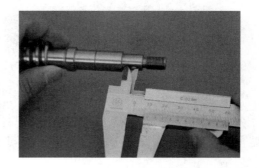

图 2-1-13　测量键槽宽度 　　　　　　图 2-1-14　测量键槽长度

③ 轴用弹性挡圈槽为标准结构，可通过查阅相关标准来得到相关参数。挡圈槽的轴向位置可以用钢直尺来测量，如图 2-1-15 所示。

2. 测量非线性尺寸

测量螺纹需要测出螺纹的直径和螺距、目测螺纹的旋向和线数。本次要测量的为内螺纹的螺距，可以测量与之旋合的螺钉尺寸，来确定螺纹的要素尺寸。螺纹的大径可以利用游标卡尺测量。螺纹螺距则需要利用螺纹样板来测量。螺纹样板是由一组带牙的钢片组成的，如图 2-1-16 所示，其机械行业标准为 JB/T 7981—2010。

图 2-1-15　测量轴用弹性挡圈槽的轴向位置

图 2-1-16　螺纹样板

目测螺纹的螺距，找到螺纹样板中与螺距相近的一片样板进行测量，使螺纹样板与螺纹贴合，观察螺纹样板与被测螺纹牙型是否完全吻合，若不吻合，则换相近的样板进行测量，直到找到一片完全吻合，从该样片上就可得知被测螺纹的螺距大小，如图 2-1-17 所示。

（a）螺距测量正确

（b）螺距过大（错误）

（c）螺距过小（错误）

图 2-1-17　螺距测量

螺距确定后，查阅相关标准，核对牙型、螺距和大径。

提示：

在徒手绘图中，游标卡尺使用的频率相对较高。

（1）在绘制零件草图时，应避免一边画图，一边进行尺寸数字的测量与注写，应在视图和尺寸线画完后，集中测量各尺寸数字，依次进行书写。

（2）测量尺寸时，应力求准确，并注意以下几点。

① 若两零件为配合尺寸，则只需测量其中一个尺寸即可，如相互配合的轴和孔的直径，相互旋合的内外螺纹的外径及螺距等。

② 对于零件的重要尺寸，有时需要通过计算得出，如齿轮啮合的中心距等；有些测得的尺寸，应取标准数值；对于不重要的尺寸，如为小数时，可取整数。

③ 零件上已标准化的结构尺寸，例如倒角、圆角、键槽、螺纹退刀槽等结构尺寸，可查阅有关标准确定。零件上与标准零部件如滚动轴承相配合的轴或孔的尺寸，可通过标准零部件的型号查表确定。

四、完善零件草图

填写标题栏和技术要求，完成零件草图，如图 2-1-18 所示。

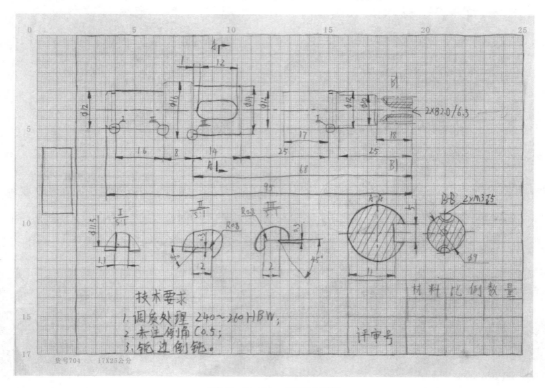

图 2-1-18　零件草图

 相关知识

1. 测绘的应用

测绘是根据现有的零件，绘制零件图样的过程，是一个认识和再现实物的过程。

（1）修复或优化零件。

在机器中，若某一零部件损坏，在无备件和图样的情况下，依据测绘绘制出的图样加工零件，来替换已损坏的零件；为了发挥已有设备的潜力，可以对部分零件的结构进行优化。

（2）设计新产品。

在优化已有零件时，结合零件的结构特点、在机器中的作用等方面分析，从而设计出结构更优的零件。

2. 测绘的过程

一般测绘工作大致分为四个阶段。

（1）准备阶段。

根据被测对象的结构特征，准备测量工具和绘图工具，如钢直尺、游标卡尺、铅笔、橡皮等，做好测绘前的准备。

（2）绘制零件草图阶段。

草图在工程技术界是表达设计人员思想观点的原始语言，一般草图都采用徒手画，称为徒手草图，特点是快。草图画得越准确，越有利于零件的加工。

（3）尺寸测量阶段。

根据零件草图的尺寸标注，选择合适的量具对相关尺寸进行测量并记录。在测量阶段，要做到仔细、认真、准确无误。

（4）完善草图阶段。

填写"名称""比例"等标题栏信息，以及装订边处的信息，完善草图。

3. 目测零件的方法

在徒手绘图时，为了防止草图引起错觉，造成测量记录的差错，需要对零件的总体尺寸拟定比例，在绘图过程中，新目测的线段需与已拟定的线段进行比较，以使草图整体上比例一致。因此，目测比例的方法对绘制草图十分重要。

目测比例的方法：在绘制中小型零件时，可以以现有的工具（铅笔或橡皮）作为参照，直接放在零件上来"测量"零件，再绘制草图，或选择合适的比例，画出放大或缩小的草图。如图 2-1-19 所示。

在绘制大型零件时，可以以铅笔为参照，观察者的位置保持不动，手臂要伸直，手握铅笔进行目测度量，观察者与物体的距离远近，根据零件的难易程度和图纸的大小来选择。总体比例确定后，先绘制整体轮廓，再绘制各部分轮廓，如图 2-1-20 所示。

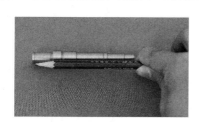

图 2-1-19　目测中小型零件的方法

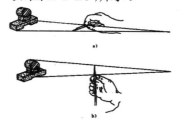

图 2-1-20　目测大型零件的方法

4. 徒手绘图的基本画法

草图能够反映零件的结构特征，零件的轮廓是由直线、圆弧、圆和曲线组成的。掌握线条的画法，对绘制草图非常重要。

握笔方法：笔杆应垂直纸面，并略向画线方向倾斜，小指可微触纸面，眼睛看着终点，以控制方向。

（1）直线的画法。

要求：线要直，粗细均匀，力求一笔画成。用坐标纸画图时，可沿着坐标纸上的格线画。

方法：画短线时，运用手腕动作；画水平线应从左向右运笔，画垂直线应从上向下运笔；画长线时，手与坐标纸有空隙，通过手臂动作来运笔；画倾斜线时，应从左上角向右下角，或从左下角向右上角画出，如图 2-1-21 所示；也可以转动图纸，使其变成自己认为最方便的位置后，再来画图。

图 2-1-21　徒手画直线

（2）圆的画法。

画小圆时，先画出中心线定出圆心，目测在中心线上找出距离圆心等于半径的 4 个端点，再将 4 点徒手连接即可，如图 2-1-22（a）所示。

画大圆时，除在中心线上确定出 4 个端点外，还应在两相交辅助线上找出 4 点，以便徒手作图，如图 2-1-22（b）所示。

（a）小圆的画法　　　　　　　　　　（b）大圆的画法

图 2-1-22　圆的画法

（3）椭圆的画法。

画椭圆时，应先画出对称线（中心线），然后画出长短轴的距离，作棱形，然后在棱形内作内切扁圆，即可代替椭圆，如图 2-1-23 所示。

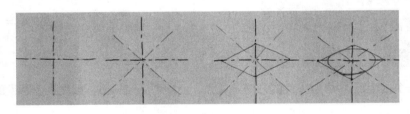

图 2-1-23　椭圆的画法

（4）圆角的画法。

画圆角时，应先在画圆角处，画出一个正方形，然后用弧线连接对角线（以正方形边长为圆角半径）即可，如图 2-1-24 所示。

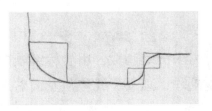

图 2-1-24　圆角的画法

（5）角度的画法。

① 若需画 30°或 60°角时，只要按图 2-1-25（a）所示，以 3:5 为直角边边长比，连接斜边即可。

② 若需画 45°线时，只要以边长 1:1 作出直角边，即可得到 45°斜线，如图 2-1-25（b）所示。

③ 若需画 10°角时，首先画出一个角为 30°的直角三角形，再将其对边三等分，连到 30°角顶点上，即可得 10°角度线，如图 2-1-25（c）所示。

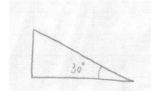 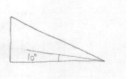

（a）30°角或 60°角的画法　　　　（b）45°角的画法　　　　　（c）10°角的画法

图 2-1-25　角度的画法

（6）复杂平面曲线的画法。

对于无规律的复杂平面曲线，可采用拓印法，如图 2-1-26 所示，先在纸上印出其轮廓，再用铅笔描绘即可，或直接用铅笔沿着零件的边缘在纸上直接描出其轮廓即可。

图 2-1-26　拓印法

 提示：

这种方法简单，但要注意：

① 是否允许使用该方法。

② 拓印法受图纸图幅大小（零件的尺寸要小于绘图纸的尺寸）和绘图比例的限制。

③ 拓印法的绘图顺序和正常绘图的顺序不同，拓印时，先将零件的轮廓印到图纸上，画出零件轮廓再画出对称中心线。

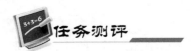任务测评

对任务实施的完成情况进行检查，并将结果填入表 2-1-3 中。

表 2-1-3 任务测评表

序号	评分内容	评分明细	配分	扣分	得分
1	测量工具的使用（30分）	游标卡尺的使用规范性	10		
		钢直尺的使用规范性	10		
		螺纹样板的使用规范性	10		
2	视图的表达（15分）	主视图方向	5		
		主视图与表达	5		
		其他视图与表达	5		
3	尺寸标注（20分）	正确，每错两处扣1分	8		
		齐全，每错两处扣1分	3		
		清晰，不清晰一处扣1分	3		
		精确，测量精度为±0.5mm	6		
4	图框及标题栏（5分）	图框，错三处不得分	2		
		标题栏，错三处不得分	3		
5	绘图时间（20分）	线型规范清晰	10		
		快速绘制	10		
6	职业素养（10分）	工量具摆放整齐	5		
		量具不允许跌落	5		
7	合　计		100		
8	学习体会				

巩固与提高

分析蜗杆轴的功用和结构特征，绘制如图 2-1-27 所示的蜗杆轴零件草图。

图 2-1-27 蜗杆轴

任务 2　测绘支架

学习目标

◇ 知识目标

　　1. 掌握线性尺寸和非线性尺寸的测量方法。

　　2. 掌握徒手绘制零件草图的方法及步骤。

◇ 能力目标

　　1. 能够分析给定零件的结构及功用，初步确定零件的视图表达方案。

　　2. 能够按要求绘制零件草图。

任务分析

　　支架零件在部件中起连接和支承传动作用，如图 2-2-1 所示。通过分析支架的结构及功用，确定其视图表达方案；掌握徒手绘制零件草图的方法及步骤，并画出零件草图。

图 2-2-1　支架零件

　　测绘要求如下。

　　（1）在 A4 坐标纸上徒手绘制指定零件的草图，不得使用尺规（包括被测零件内外轮廓），不得使用相机、胶泥、印台等尺寸与形状记忆工具，比例自定。

　　（2）视图表达方案合理：主视图方向正确，其他视图完整并合理表达。

　　（3）尺寸齐全、正确、清晰。

　　（4）零件的尺寸精度、几何精度、表面粗糙度不作要求，可根据指定零件的工作性质，合理自定若干技术要求。

　　（5）按照图 2-2-2 所示格式要求，在零件草图上徒手绘制标题栏，尺寸自定，并在"零件名称""材料""比例""数量"，以及装订边处的"信息栏"处正确填写信息。

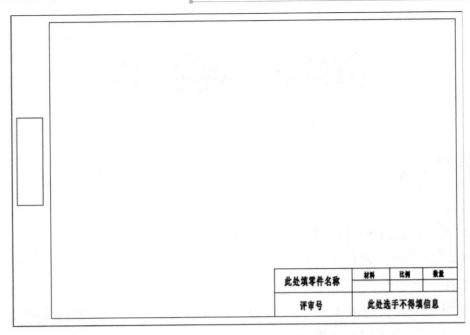

此处填零件名称	材料	比例	数量
评审号	此处选手不得填信息		

图 2-2-2　草图标题栏格式

叉架类零件包括各种用途的拨叉和支架，拨叉主要用在机床、内燃机等机器的变速机构、操纵机构上，起操纵和调速作用；支架主要起连接和支承作用。

叉架类零件形式多种多样，一般由连接部分、工作部分和支承部分三部分组成。连接部分为肋板结构；工作部分和支承部分的细小结构较多，如圆孔、螺孔等。本任务是以测绘支架零件为例，按要求完成零件草图的绘制。

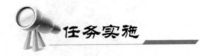 任务实施

一、任务准备

实施本任务教学所使用的实训设备及工具材料可参考表 2-2-1。

表 2-2-1　实训设备及工具材料

序号	分类	名称	型号规格	数量	单位	备注
1	工具	坐标纸	A4	1	张	
2		铅笔	H、HB、2B	3	支	
3		橡皮		1	个	
4	量具	钢直尺	0～200mm	1	把	
5		游标卡尺	0～150mm	1	把	
6		螺纹样板	60°	1	套	

二、绘制草图

画草图时，先整体：在脑海中形成一个完整的零件全貌；后部分：逐一绘制零件上的细

小结构。

1. 确定比例

目测零件的总体尺寸及考虑视图的表达方案，选择横向放置图幅，比例 1:1，绘制要求的图框和标题栏。

注意：
该零件由三部分焊接构成，在标题栏上方需绘制明细栏，如图 2-2-3 所示。

2. 绘制基准线

考虑各视图之间要留有适当的距离用于尺寸标注，绘制零件长、宽、高三个方向的基准线，初步布置各个视图的位置。观察基准线在图框中的整体位置，距边框尺寸尽量大致相同，调整基准线位置，确定视图布局，如图 2-2-4 所示。

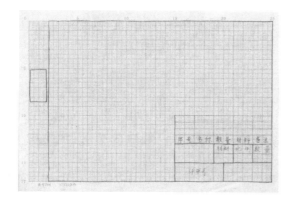

图 2-2-3　绘制明细栏

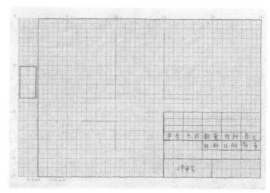

图 2-2-4　绘制基准线

3. 绘制视图底稿

根据形体分析法，由下到上，逐一绘制各组成部分。根据投影规律画完底板，找到与之相接触的立板，并以接触面作为立板的定位面进行绘制，再以此接触面为基准绘制肋板，如图 2-2-5 所示，再绘制组件底板、立板上螺纹孔，如图 2-2-6 所示。

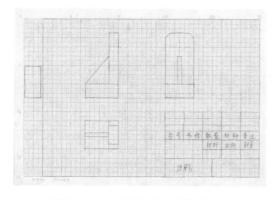

图 2-2-5　绘制整体结构轮廓

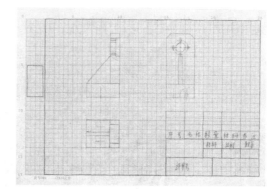

图 2-2-6　绘制细小结构轮廓

4．画全部尺寸界线、尺寸线

画全部尺寸界线和尺寸线，如图 2-2-7 所示。

5．检查底稿，徒手加粗加深图线，绘制剖面线

注意各类图线粗细分明（绘制剖面线时，主要的剖视图可以先绘制，画完后检查是否有遗漏或不合理的尺寸，如图 2-2-8 所示。

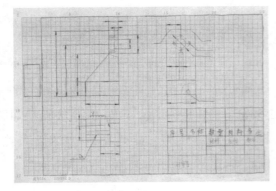
图 2-2-7　绘制尺寸界线和尺寸线

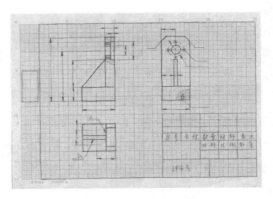
图 2-2-8　线型加粗加深

三、尺寸测量阶段

由于本任务中零件的大多数线性尺寸需要用游标卡尺来测量，如底板和立板的长度、宽度、高度等，测量方法见项目 2 任务 1 中的"测量尺寸"内容。本任务主要学习表 2-2-2 所示尺寸的测量方法。

表 2-2-2　需测量的尺寸

尺寸	测量要素	量具
线性尺寸	1．底板 M4 的孔中心距	中心距游标卡尺/游标卡尺
	2．底板 M4 边心距	中心距游标卡尺/游标卡尺
	3．立板 ϕ30 mm 孔的中心高	游标卡尺

1．测量底板 M4 的孔中心距

使用中心距游标卡尺的测量方法：直接测得。测量时根据孔径的大小选择相应的锥形测量头，将测量头的锥面与内孔接触，此时卡尺的读数即为中心距尺寸 a，如图 2-2-9 所示。

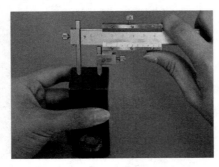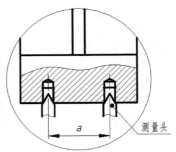
图 2-2-9　测量中心距

使用游标卡尺的测量方法：间接测得。测量两孔左右素线之间的距离 L（见图 2-2-10）和孔的直径 d（见图 2-2-11），通过计算得出中心距尺寸 a。

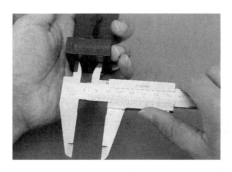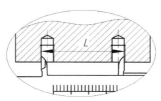

图 2-2-10　测量距离 L

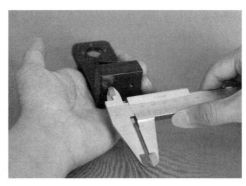

图 2-2-11　测量孔径 d

由测量可得 $L=23.4\text{mm}$，$d=3.4\text{mm}$，则 $a=L-d=23.4-3.4=20\text{mm}$。

2. 测量底板 M4 的边心距

（1）使用中心距游标卡尺的测量方法（间接测量）：调整固定端测量头，如图 2-2-12 所示，将固定端锥形测量头放入螺孔中，另一端测量头的平面测量面与零件侧面接触，测出数值 L，测量头的宽度为 d（查看量具说明），即可得出边心距尺寸 a_1，如图 2-2-13 所示。

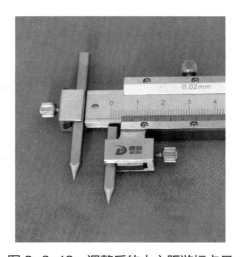

图 2-2-12　调整后的中心距游标卡尺

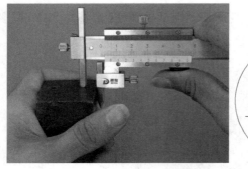

图 2-2-13　间接测量边心距

由测量可得 $L=12\text{mm}$ ，$d=6\text{mm}$ ，则 $a_1=L-\dfrac{d}{2}=12-\dfrac{6}{2}=9\text{mm}$ 。

（2）使用游标卡尺的测量方法（间接测量）：测量孔最左侧素线与左侧面的距离 L（见图 2-2-14）和孔的直径 d（见图 2-2-15），可计算得出边心距 a_1 。

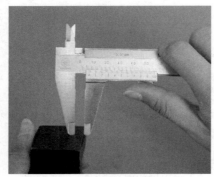
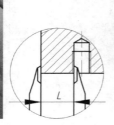

图 2-2-14　测量距离 L

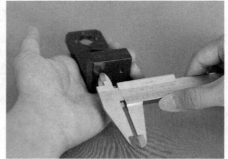

图 2-2-15　测量孔径

由测量可得 $L=7.4\text{mm}$ ，$d=3.2\text{mm}$ ，则边心距 $a_1=L+\dfrac{d}{2}=7.4+\dfrac{3.2}{2}=9\text{mm}$ 。

3. 测量立板 $\phi30\text{mm}$ 孔的中心高

使用游标卡尺的测量方法（间接测量）：通过测量孔的最下侧素线与底面的距离 L（见图 2-2-16）及其直径 d（见图 2-2-17），间接得到中心高尺寸 H，如图 2-2-18 所示。

图 2-2-16　测量距离 L　　　　　　　　　图 2-2-17　测量孔径 d

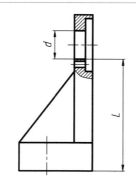

图 2-2-18　间接测量尺寸 H

由测量可得 $d = 16\text{mm}$ ，$L = 63\text{mm}$ ，则中心高 $H = \dfrac{d}{2} + L = \dfrac{16}{2} + 63 = 71\text{mm}$ 。

四、完善零件草图

编写零件序号，填写明细栏、标题栏、技术要求，完成草图，如图 2-2-19 所示。

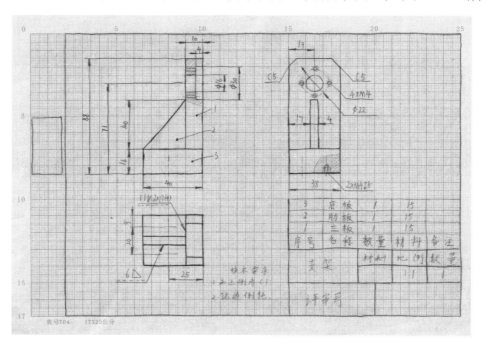

图 2-2-19　支架草图

 相关知识

绘制草图

在绘制零件草图时，目测零件尺寸，先绘制全部图形，再统一量取尺寸。绘制草图的步骤如下。

（1）确定比例。

根据已有的坐标纸的图幅尺寸，考虑零件的总体尺寸及零件的视图表达方案，确定绘图比例，对零件的视图表达方案进行布置，画出要求的图框和标题栏。

如图 2-2-20 所示坐标纸，每小格为 1mm，一大格为 10mm。

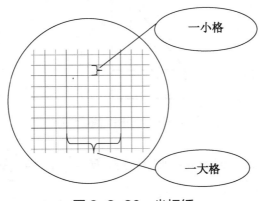

图 2-2-20　坐标纸

（2）结合零件的结构特点，画出各视图的基准线，规划各视图的相对位置，同时考虑各视图之间要留有适当的距离，留有尺寸标注占用的空间。

（3）目测零件轮廓各部分尺寸，画出零件的结构形状。

在画图时，由外到内，由主体到局部逐步完成各视图底稿，且符合投影规律。

（4）画全部尺寸界线、尺寸线。

按照尺寸标注的基本要求，合理地标注零件的尺寸，画完后检查是否有遗漏或不合理的尺寸。

（5）校对各尺寸，检查是否有遗漏和不合理的地方，校对无误后，按规定线型将图线加深。

对任务实施的完成情况进行检查，并将结果填入表 2-2-3。

表 2-2-3　任务测评表

序号	评分内容	评分明细	配分	扣分	得分
1	测量工具的使用（30分）	游标卡尺的使用规范性	15		
		中心距游标卡尺的使用规范性	15		
2	视图的表达（15分）	主视图方向	5		
		主视图与表达	5		
		其他视图与表达	5		
3	尺寸标注（20分）	正确，每错两处扣1分	5		
		齐全，每错两处扣1分	5		
		清晰，不清晰一处扣1分	5		
		精确，测量精度为±0.5mm	5		

续表

序号	评分内容	评分明细	配分	扣分	得分
4	图框及标题栏（10分）	图框，错三处不得分	2		
		标题栏，错三处不得分	4		
		明细栏，错三处不得分	4		
5	绘图时间（10分）	线型规范清晰	5		
		快速绘制	5		
6	职业素养（15分）	工量具摆放整齐	10		
		量具不允许跌落	5		
7	合　计		100		
8	学习体会				

分析滑块的功用和结构特征，绘制如图 2-2-21 所示滑块的零件草图。

图 2-2-21　滑块

项目 3　三维建模

任务 1　中望 3D 软件基本界面及基本操作

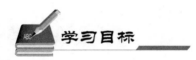 学习目标

◇ 知识目标

1. 了解中望 3D 软件的基本界面。

2. 掌握中望 3D 软件的使用方法。

3. 掌握中望 3D 软件的基本操作。

◇ 能力目标

能够熟练使用中望 3D 软件各项基本操作。

 任务分析

中望 3D 软件是中望公司开发的拥有全球自主知识产权的高性价比的高端三维 CAD/CAM 一体化软件产品，为使用者提供了从入门级的模型设计到全面的一体化解决方案。拥有独特的 Overdrive 混合建模内核，支持 A 级曲面，支持 2～5 轴 CAM 加工。采用中望 3D 软件是企业大幅提高生产力并降低设计制造成本、从而实现从设计到加工的最佳途径。本文重点介绍中望 3D 软件的基本界面及基本操作，以及软件的皮肤、属性等内容。

任务实施

一、任务准备

安装并激活中望 3D 软件。

二、认识中望 3D 软件基本界面

1. 初始界面

当第一次打开中望 3D 软件时，系统打开的软件初始界面如图 3-1-1 所示。在该界面环境下，除了可以进行文件的新建和打开外，还为用户提供了"快速入门"的学习功能。

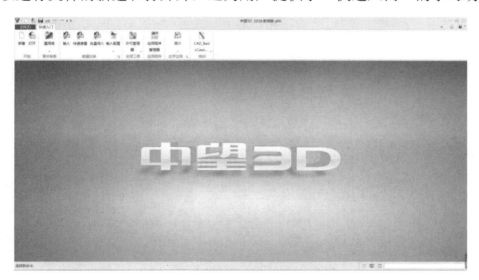

图 3-1-1　初始界面

软件默认的皮肤为"银灰"，可以在标题栏位置通过鼠标右键对软件皮肤进行更改，所有皮肤包括钻蓝、天蓝、黑曜石、银灰与海蓝。如图 3-1-2 所示为设置为"银灰"的皮肤效果。

图 3-1-2　"银灰"皮肤效果

"边学边用"是中望 3D 软件独特的培训系统，在学习过程中系统会显示并提示每一个操作步骤，用户可以在系统的提示下进行操作。单击【帮助】下拉菜单，可以打开"边学边用"素材模块，该模块包含了"简介、建模、装配、工程图、更多...（自动链接到中望软件官网社区）、打开...（打开现有的边学边用素材）"选项，如图 3-1-3 所示。单击【简介】选项，系统打开"边学边用"指导环境，如图 3-1-4 所示。分别单击【General_Intro】对话框中的 1.边学边用 简介 等选项，会出现"边学边用"各功能菜单界面，也可通过【General_Intro】对话框中的左右箭头按钮 进行切换，"边学边用"功能列表如图 3-1-5 所示。通过【退出】按钮 可退出"边学边用"指导环境。

图 3-1-3 "边学边用"素材模块

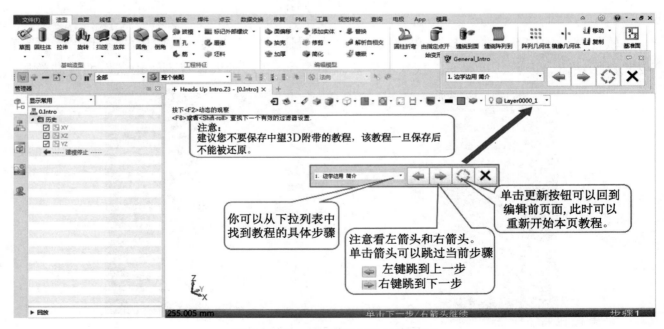

图 3-1-4 "边学边用"指导环境

图 3-1-5　"边学边用"功能列表

"训练手册"可打开中望 3D 软件内部的 PDF 学习资料，系统默认包含了"培训指南、基础知识、更多…（打开现有的 PDF 资料）"等内容。

2．建模环境

当新建或打开一个文件后，可以激活并进入软件建模环境界面，如图 3-1-6 所示。

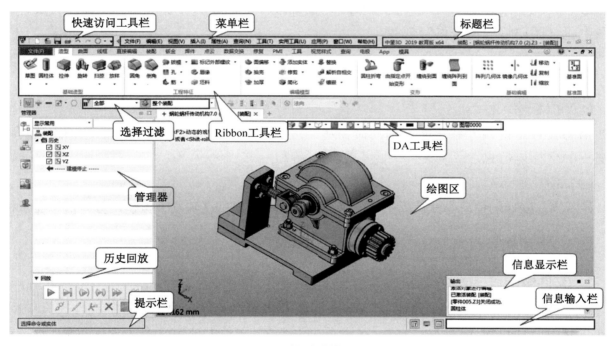

图 3-1-6　软件建模环境界面

（1）快速访问工具栏。

快速访问工具栏的目的是快速使用某个功能，其中包含了"新建（文件）、打开（文件）、保存、撤销、重做"等常用的功能图标按钮（后文中为了描述简洁，简称为按钮）。用户还可以自定义快速访问工具栏，单击快速访问工具栏右侧的黑色三角按钮，在弹出的列表中，选择或删除相应的工具，或者右击（右键单击）Ribbo 工具栏中的某个工具图标按钮，在弹出的快捷菜单中选择【添加到快速访问工具栏】选项即可。

（2）菜单栏。

菜单栏包含"文件、编辑、视图、插入、属性、查询、工具、实用工具、应用、窗口、帮助"等下拉菜单操作命令，下拉菜单中还包含相应的子菜单。

（3）标题栏。

显示中望3D软件的版本信息、工作文件（激活零件）、当前工作图层等。

（4）Ribbon工具栏。

Ribbon工具栏配有功能图标按钮操作命令。中望3D软件按照模块将命令分类进行管理，如【造型】工具栏中大部分命令都基于实体建模，【线框】工具栏中大部分命令都基于曲线创建及曲线操作，【模具】工具栏中大部分命令都基于模具设计等。

（5）DA工具栏。

中望3D软件将实际工作中使用频率非常高的命令集成在一起，布局在绘图区上方最便于单击的位置，即DA工具栏可方便用户获取功能。

（6）管理器。

中望3D软件的各种操作管理器在不同的环境中表现不同。例如，在建模环境中包含历史管理、装配管理、图层管理、视图管理、视觉管理；在加工环境中为加工操作管理；在工程图中包含图层管理和表格管理等。

（7）提示栏。

提示栏的作用是提示用户下一步操作。

（8）信息输入栏。

信息输入是指输入系统能识别的命令从而进行操作。在加工环境中，信息输入栏可以显示捕捉的坐标点信息。

（9）信息显示栏。

显示当前操作的信息。默认为关闭状态，可以通过左侧的【输出】按钮，打开信息显示栏。

三、对象操作

1. 文件操作

中望3D软件的文件格式为".Z3"，支持全中文名称及包含中文名称的文件夹。中望3D软件具有自己独特的文件管理方式，它允许在一个Z3文件内部包含多个零件对象，这就使包含许多组件的装配文件可以将组件进行内部管理，而不需组件显示在硬盘中，使文件管理更加简洁。

（1）新建文件。

① 在菜单栏中单击【文件】→【新建】菜单命令或单击快速访问工具栏中的【新建】按钮，系统弹出【新建文件】对话框，如图3-1-7所示，包含了"零件/装配、工程图包、工程图、2D草图、加工方案、方程式组、多对象文件"等图标选项。系统默认新建一个【零件/装配】文件，并默认零件名称为"零件001"。单击【确定】按钮，激活系统并进入软件建模环境。

提示：系统会自动记录使用过的文件路径，不允许同一路径下的目录中新建零件与现有零件重名。

图 3-1-7　【新建文件】对话框

② 当选择【新建文件】对话框中的类型为【多对象文件】时，可以创建多对象文件。此时系统并不会直接进入建模环境，而是进入对象环境，其界面如图 3-1-8 所示。在对象环境中可以创建多个不同零件，这些零件之间可以具有装配关系，也可以是各自独立的零件。在对象环境中还可以通过系统提供的功能对零件进行重命名、复制/剪切/粘贴、删除等操作。如果想编辑某个零件，直接双击该零件或通过右击该零件，在弹出的快捷菜单中单击【编辑】命令即可激活并进入该零件工作环境。

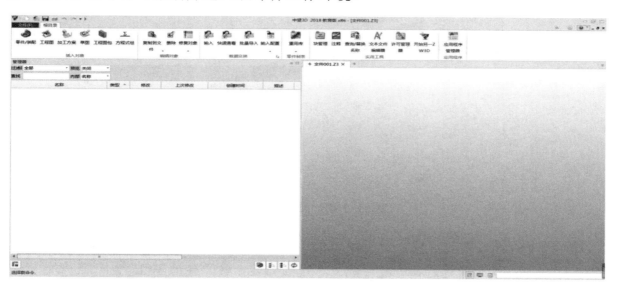

图 3-1-8　对象环境界面

③ 在对象环境界面的左下方，系统提供了不同的显示选项，可以通过选择显示选项过滤需要显示的对象，如选择【图形】选项可以预览选中零件的模型，选择【属性】选项可以显示选中零件的属性。

（2）打开文件。

① 在菜单栏中选择【文件】→【打开】菜单命令或单击快速访问工具栏中的【打开】按钮，系统弹出【打开】对话框，如图 3-1-9 所示。当打开的文件内部包含多个零件或组件时，系统并不会直接进入建模环境，而是进入该文件所对应的零件对象环境，如图 3-1-10 所

示，通过该零件对象环境可以激活零件或装配。

图 3-1-9 【打开】对话框

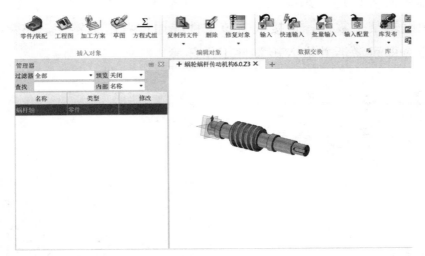

图 3-1-10 零件对象环境

💡 提示：选择零件对象环境界面下方的预览【图像】选项，可以预览该零件的模型，如图 3-1-11 所示。或者通过选择预览【属性】选项，显示该零件的属性。

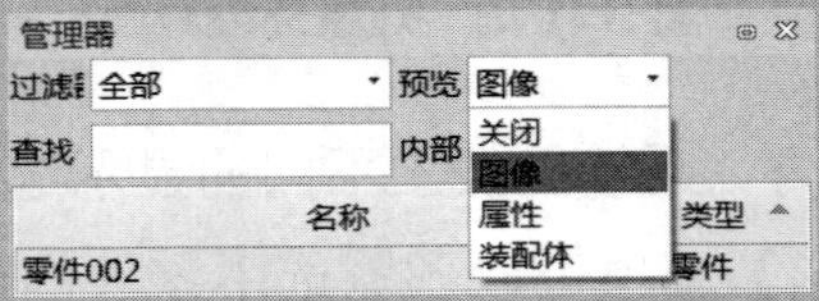

图 3-1-11 预览零件模型

② 如果安装了 TransMagic R9 插件（一般在安装光盘中有），中望 3D 软件可以通过直接打开文件的方式打开其他三维软件格式文件，而不需要对零件进行格式转换。如图 3-1-12 所示为其支持的兼容文件格式，包含了 CATIA、Inventor、Pro/E、SolidWorks、NX 等常见的三维软件格式。

图 3-1-12　文件兼容格式

（3）文件输入/输出。

① 选择【文件】→【输入】菜单命令，系统弹出【选择输入文件】对话框，如图 3-1-13 所示。中望 3D 软件支持常见的文件转换格式，如 DWG、DXF、IGES、STEP、Parasolid、STL 等，同时支持直接导入其他常见的三维软件文件。

② 选择【文件】→【输出】菜单命令，系统弹出【选择输出文件】对话框，如图 3-1-14 所示。中望 3D 软件支持常见的文件转换格式，如 DWG、DXF、IGES、STEP、Parasolid、STL 等。

图 3-1-13　【选择输入文件】对话框图

图 3-1-14　【选择输出文件】对话框

（4）保存文件。

① 选择【文件】→【保存】菜单命令或单击快速访问工具栏中的【保存】按钮，保存零件至当前状态。

② 选择【文件】→【另存为】菜单命令，可以将当前文件保存为另一个文件。

③ 选择【文件】→【保存全部】菜单命令，保存当前文件下的所有零件文件。

④ 选择【文件】→【保存关闭】菜单命令，保存当前文件后退出工作环境。

（5）关闭文件。

① 选择【文件】→【关闭】菜单命令，关闭当前文件。

② 选择【文件】→【全部关闭】菜单命令，关闭所有已打开文件。

（6）退出零件。

单击 DA 工具栏中或右键快捷菜单中的【退出】按钮，可以退出当前工作环境，回到上一级工作环境。如在草图环境中，通过退出可以回到建模环境；在建模环境中，通过退出可以回到对象环境。

（7）文件窗口切换。

在中望 3D 软件中，通过【文件】→【打开】菜单命令可以在已打开的文件中切换（激活）零件窗口。

2. 删除特征

（1）工具栏删除。

在中望 3D 软件中，通过 DA 工具栏中的【删除】按钮 或通过键盘的"Delete"键可以删除选择的特征。

（2）右键删除。

在中望 3D 软件中，右击要删除的对象，在弹出的快捷菜单中单击【删除】命令，删除即可。如对实体中某个面进行删除，可以将实体造型转化成片体造型。在选择过程中注意"选择过滤器"的应用，中望 3D 软件中的"选择过滤器"位于 DA 工具栏中，如图 3-1-15 所示。

（3）历史管理器恢复删除的特征。

在中望 3D 软件中，被删除的特征不是永久性的删除，而是被记录在历史管理器中，如图 3-1-16 所示。如果想恢复已经删除的特征，只需将历史管理器中被删除的特征恢复即可。

图 3-1-15　选择过滤器

图 3-1-16　历史管理器中被删除的特征

3. 撤销/重做

在实际设计中，难免会出现误操作。在中望 3D 软件中，可以通过单击快速访问工具栏中的或右键快捷菜单中的【撤销】按钮 ，撤销上一步操作。系统默认支持撤销 75 步，如果需要更多撤销步骤，可以更改系统配置中【最大撤销步骤】选项中的数值。而通过单击【重做】按钮 ，可以回到撤销前的状态。

4. 隐藏/显示

中望 3D 软件的隐藏/显示功能位于 DA 工具栏中，如图 3-1-17 所示。

图 3-1-17　隐藏/显示功能

【隐藏】：隐藏所选择的图素。

【显示】：从当前隐藏的图素中选择图素进行显示。

【显示全部】：将所有被隐藏的图素显示出来。

【转换实体可见性】：将当前显示的图素隐藏，将隐藏的图素显示出来。

5. 着色/线框显示

中望 3D 软件的着色/线框显示功能位于 DA 工具栏中，如图 3-1-18 所示。通过"Ctrl + F"快捷键，可以在线框和着色状态中自由切换。

图 3-1-18　着色/线框显示功能

在装配文件中，如果想让某个组件透明或以线框方式显示，可以通过右击该组件，选择透明或线框显示方式，如图 3-1-19 所示。

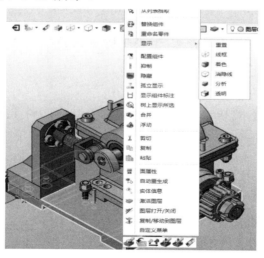

图 3-1-19　组件透明或线框显示

6. 对象属性

（1）点属性。

单击【属性】→【点】菜单命令，系统弹出【点属性】对话框，如图 3-1-20 所示，可以在对话框中更改点的颜色、样式和大小等。

（2）线属性。

单击【属性】→【线】菜单命令或单击 DA 工具栏中的【线条颜色】按钮 ▬，系统弹出【线属性】对话框，如图 3-1-21 所示，可以在对话框中更改线的颜色、线型和线宽等。

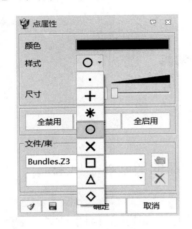

图 3-1-20 【点属性】对话框

图 3-1-21 【线属性】对话框

（3）面属性。

单击【属性】→【面】菜单命令或单击 DA 工具栏中的【面颜色】按钮 ▬，系统弹出【面属性】对话框，如图 3-1-22 所示，可以在对话框中更改面或实体的颜色、透明度等。

💡 提示：如果在更改面颜色时需要参照现有的面颜色，可以通过【面属性】对话框左下角的【从实体复制值】按钮 来实现。

（4）零件属性。

单击【属性】→【零件】菜单命令，系统弹出【零件属性】对话框，可以在对话框中更改零件的相关属性，如图 3-1-23 所示。

（5）材料属性。

单击【属性】→【材料】菜单命令，系统弹出【材料属性】对话框，如图 3-1-24 所示，可以在对话框中更改零件的材料属性。

（6）钣金属性。

单击【属性】→【钣金】菜单命令，系统弹出【钣金属性】对话框，如图 3-1-25 所示，可以在对话框中更改钣金的折弯半径、展开公差、K 因子等。

图 3-1-22 【面属性】对话框

图 3-1-23 【零件属性】对话框

图 3-1-24 【材料属性】对话框

图 3-1-25 【钣金属性】对话框

7. 鼠标应用

在中望 3D 软件中的鼠标功能参见表 3-1-1。

表 3-1-1 鼠标功能

名　称	功能说明
左键	单击——激活命令、选取
	双击——选中某一图标双击，调用默认命令并打开该命令对话框
	按住并拖动——框选
中键	单击——替代"确定"功能，重复上一次命令
	滚动——缩放
	按住并拖动——平移
右键	单击（空白）——弹出系统环境默认快捷菜单
	单击（选中）——弹出适合选中目标的快捷操作命令
	按住并拖动——旋转

中望 3D 软件将常用的编辑命令集成在鼠标右键快捷操作命令中，通过右击（单击鼠标右键）可以快速调出更改某一特征的相关命令，而且针对不同特征右击，弹出的快捷操作命令也不同。如右击一个实体面，系统将弹出面偏移、面延伸、面拔模等与面相关的操作命令。如果双击绘图区中的某一特征（如实体边），与该特征相关的排在第一位的右键快捷操作命令将被激活（即排在第一位的倒圆角命令将被激活）。

如果想修改最后一步创建的特征，只需在绘图区空白位置右击，即弹出【重新定义最后一步】功能 （右键快捷菜单中的第一排为若干快捷功能图标按钮，第一个即【重新定义最后一步】功能图标按钮），通过该功能可以快速编辑最后一步特征。

四、自定义操作

1. 用户配置

单击【实用工具】→【配置】菜单命令，系统弹出【配置】对话框，如图 3-1-26 所示。通过该对话框，可以对系统的默认参数进行设置。例如，更改绘图区背景颜色可以通过【背景色】选项设置（见图 3-1-27），显示公差可以通过【显示】选项设置，更改工作目录可以通过【文件】选项设置等。

图 3-1-26 【配置】对话框

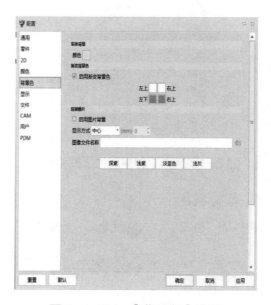

图 3-1-27 【背景色】选项

2. 定制

在中望 3D 软件中支持自定义快捷键，用户可以根据自己的习惯设置常用的快捷键。

（1）单击【工具】→【自定义】菜单命令，系统弹出【自定义】对话框，如图 3-1-28 所示。

（2）选择【热键】选项卡，如图 3-1-29 所示，可以发现系统已有一些默认的快捷键，找到需要设置快捷键的命令，直接在其右边赋予快捷键即可，如将【关闭】快捷键设置为"C"。

图 3-1-28　【自定义】对话框

图 3-1-29　【热键】选项卡

五、管理器

在中望 3D 软件中，管理器位于绘图区左侧，可以通过软件界面右下方的【管理器】按钮或单击【工具】→【ZW3D 管理器】菜单命令打开或隐藏管理器。

1. 历史管理

"历史管理"是中望 3D 软件管理器中的第一项功能，单击管理器右侧的【历史管理】按钮，打开历史管理器，如图 3-1-30 所示，其主要用于管理设计中的历史特征，可以对历史特征进行回放、编辑、删除等操作。

（1）历史管理器的右键快捷菜单中包含了对历史特征操作的各个选项，如图 3-1-31 所示。

图 3-1-30　历史管理器

图 3-1-31　历史管理器的右键快捷菜单

（2）如果需要回放建模历史，既可以使用历史指针去拖曳，也可以使用【回放】选项中的各按钮去播放，

①【回放下一操作】按钮 ▶：将回放列表的历史特征进行回放，单击该按钮回放下一个特征，如图 3-1-32 所示。

②【回放所有操作】按钮 ▶▶：将回放列表中得出历史特征进行一次性快速回放，如图 3-1-33 所示。

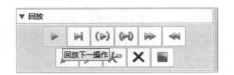
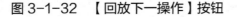

图 3-1-32　【回放下一操作】按钮

图 3-1-33　【回放所有操作】按钮

> 提示：如果想从历史特征的中间某一个特征回放或者想在历史特征的中间某一个特征之前插入一个新特征，可以选择该特征，右击，选择【回放】选项，在此状态下，新增的特征将插在回放列表特征之前。

③【抑制/释放下一操作】按钮：如果当前列表中的下一个历史特征处于抑制状态，通过该按钮可以释放，否则进行抑制。

④【回放和自动抑制失败特征】按钮：对列表中的历史特征进行快速回放，当遇见失败特征时自动将其抑制。

⑤【下一个备份】按钮：快速回放到下一个备份的特征位置。

⑥【上一个备份】按钮：快速回放到上一个备份的特征位置。

⑦【解除/强制下一操作】按钮：尝试强制回放列表中的下一个历史特征，哪怕是失败的历史特征。

⑧【编辑下一操作】按钮：编辑回放列表中的下一个历史特征，即排在回放列表中第一位的特征。

⑨【重新定位草图/组件/坐标平面】按钮：如果列表中下一个历史特征是草图、基座面或组件对齐时，该功能可以更改其定位平面。

⑩【删除下一操作】按钮 ✕：删除回放列表中下一个历史特征，即排在回放列表中第一位的特征。

⑪【结束回放】按钮：退出历史特征回放，并将回放列表中的所有特征删除。

> 提示：使用【结束回放】功能后，回放列表中的所有特征均被永久性地删除，一旦保存将无法恢复，请谨慎使用。

2. 装配管理

"装配管理"是中望 3D 软件管理器中的第二项功能，装配管理器如图 3-1-34 所示，主

要用于装配文件中的组件管理，可以对组件进行编辑、删除、显示/隐藏等操作。

当激活了某个组件时，系统默认并不会独立显示该零件，而是显示整个装配文件。如果需要单独显示激活的组件，可以通过 DA 工具栏中的相关功能实现，如图 3-1-35 所示。

图 3-1-34　装配管理器

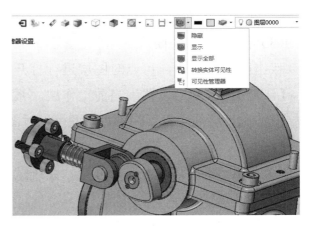

图 3-1-35　要单独显示激活的组件

3. 图层管理

"图层管理"是中望 3D 软件管理器中的第三项功能，DA 工具栏中的图层管理选项如图 3-1-36 所示，单击【图层管理器】选项，打开图层管理器，如图 3-1-37 所示。在中望 3D 软件中，允许使用 256 个图层。通过该图层管理器，可以进行建立新图层、将图素复制/移动到指定图层、图层的打开/关闭等操作。

（1）新建图层。

单击图层管理器中的【新建】按钮，更改图层名称，单击中键确认。

【名称】：图层的名称。系统默认"图层 0000"，新建一个图层名称默认为"图层 0001"，下一个建立的图层按序号排列，依此类推，可以根据需要修改图层名称。

【数量】：当前已使用的图层数目。

【激活】按钮：单击左下角的【激活】按钮，系统将该图层激活为当前工作图层。

【新建】【删除】【输入】【输出】按钮：单击相应按钮后可新建、删除、输入和输出图层。

图 3-1-36　图层管理选项

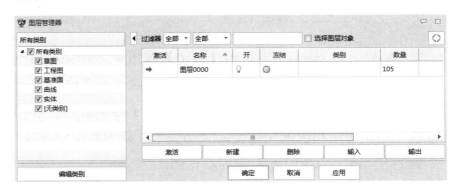

图 3-1-37　图层管理器

（2）复制/移动到图层。

① 选择需要复制或移动到图层的图素，在图层管理器空白处右击（单击鼠标右键），在弹出的快捷菜单中选择【复制到图层】或【移动到图层】选项。

② 在弹出的对话框中选择目标图层，单击【确定】按钮 ✅。

（3）图层打开/关闭。

双击图层或右击，可以对图层进行打开、关闭或激活等操作。

【激活】：将图层设置为当前工作层。系统默认以绿色显示。

【打开】：将图层设置为可见，并可以对图层内的图素进行相关操作。系统默认以红色显示。

【冻结】：将图层设置为可见，但不能对图层内的图素进行相关操作。系统默认以深蓝色显示。

【关闭】：将图层设置为不可见。系统默认以灰色显示。

4．视图管理

"视图管理"是中望 3D 软件管理器中的第四项功能，视图管理器如图 3-1-38 所示。中望 3D 软件支持将当前非标准的视图保存，以备后续使用。

① 右击视图管理器中的【自定义视图】选项，在弹出的快捷菜单中单击【新建】命令，系统弹出【新建】对话框，如图 3-1-39 所示，勾选【保存当给钱对象显示状态】选项。

图 3-1-38　视图管理器

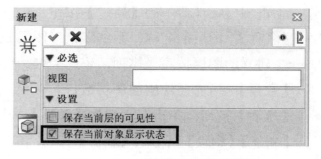

图 3-1-39　【保存视图】对话框

② 输入一个视图名称，单击【确定】按钮 ✅，即完成自定义视图的创建。

③ 双击视图管理器中的视图名称，即可激活或定位到该视图。

中望 3D 软件中的【标准视图】选项定位于 DA 工具栏中，如图 3-1-40 所示。4 个常用的标准视图定位对应相应的快捷键："Ctrl +↑"键为俯视图、"Ctrl +↓"键为前视图、"Ctrl +→"键为左视图、"Ctrl +←"键为右视图。

图 3-1-40　【标准视图】选项

5. 视觉管理

"视觉管理"是中望 3D 软件管理器中的第五项功能，视觉管理器如图 3-1-41 所示，可以通过设置光源、阴影等来改变零件的显示效果，如图 3-1-42 所示。

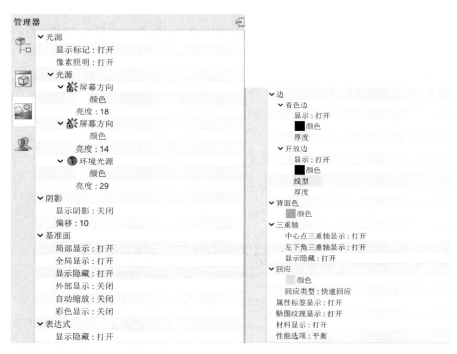

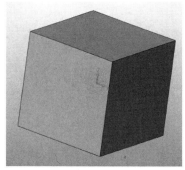

图 3-1-41　视觉管理器　　　　　　　　　图 3-1-42　视觉效果图

任务测评

对任务实施的完成情况进行检查，并将结果填入表 3-1-2。

表 3-1-2　任务测评表

序号	评分内容	评分明细	配分	扣分	得分
1	基本界面（30分）	熟悉软件的初始界面及建模环境	30		
2	对象操作（40分）	掌握软件的一些基本命令和位置，会使用这些命令	40		
3	自定义操作（30分）	会进行快捷键的设置、模板的定制、图层及视觉管理	30		
4	合　计		100		
5	学习体会				

 巩固与提高

1．中望3D软件拥有独特的"边学边用"培训系统，可以通过该系统在学习过程中得到全程指导。打开系统默认的"边学边用"素材模块，对软件的简介、建模、装配、工程图等进行拓展性学习，了解软件的功能，为零部件三维建模打好坚实基础。

2．打开中望3D软件内部PDF学习资料，下载CAD基础教程学习，学习第一章草图设计、第二章造型部分的内容。

3．关注"中望CAD"微信公众号，以更便捷的方式一起学习、交流、探讨，了解更多软件内容。

任务2　蜗杆传动机构支架的三维建模

 学习目标

◇ 知识目标

1．掌握中望3D软件的使用方法。

2．掌握中望3D软件的支架零件的建模方法、步骤及技巧。

3．掌握蜗杆传动机构支架的测量及三维建模的方法和步骤。

◇ 能力目标

会使用中望3D软件完成蜗杆传动机构支架的三维建模。

任务分析

支架类零件是机构中的主要零件之一，一般具有支承、操纵或连接作用。它将套筒、滑块等零件按照一定的相互位置关系装配起来，并按预期的传动关系进行运动。本任务以支架零件为例，介绍如何使用中望 3D 软件进行支架类零件的设计。考虑本零件实际加工成型过程中需进行焊接处理，需将本零件分为三个零件。通过对此支架的造型可以了解焊接类零件的建模方法，以达到触类旁通的效果，本次建模设计过程如图 3-2-1 所示。

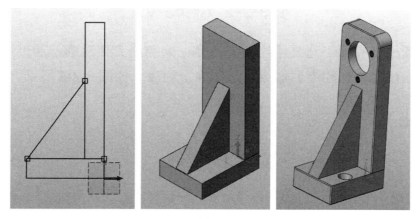

图 3-2-1　支架建模设计过程

任务实施

一、任务准备

实施本任务教学所使用的实训设备及工具材料可参考表 3-2-1。

表 3-2-1　实训设备及工具材料

序号	分类	名称	型号规格	数量	单位	备注
1	工具	测绘工量具		1	套	
2	设备	计算机		1	台	
3	器材	3D 软件	中望 3D 软件	1	套	

二、支架的三维建模

蜗杆传动机构支架的三维建模按照拉伸出零件主体，创建支架的孔造型两个步骤进行。

1. 拉伸出零件主体

（1）新建零件类型文件，单击【造型】工具栏中的【草图】命令，选择 *YZ* 平面绘制草图，如图 3-2-2 所示。

图 3-2-2　绘制草图设置

（2）进入草图绘制界面，选择【绘图】命令，绘制出支架轮廓，通过【快速标注】命令进行尺寸标注，通过【添加约束】命令对草图完全约束，如图 3-2-3 所示。

图 3-2-3　支架基体草图绘制

（3）完成上一步后，单击【约束状态】命令，查询草图是否完全约束，当草图完全约束后草图线条会显示为蓝色，如图 3-2-4 所示。

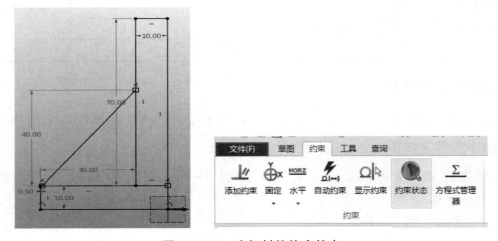

图 3-2-4　支架基体约束状态

（4）完成草图，单击【拉伸】命令，再单击【轮廓封闭区域】按钮◙，进行草图拉伸，轮廓选择刚画的草图，拉伸类型选择对称，两支撑板结束点为 15mm，中间肋板结束点为 4mm，布尔运算为基体运算，使其成为三块独立的整体，单击【确定】按钮✔，如图 3-2-5 所示。

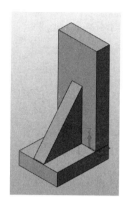

图 3-2-5　拉伸

2. 创建支架的孔造型

（1）新建草图，选择支架背面为绘图平面，如图 3-2-6 所示。

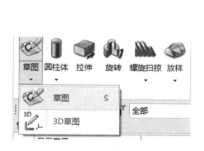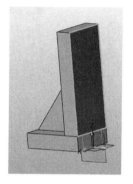

图 3-2-6　新建草图

（2）进入草图绘制界面后，使用【圆】命令，绘制直径为 28mm（软件默认单位为 mm）的圆，如图 3-2-7 所示。对绘制出的草图进行尺寸标注及约束，使其完全约束。

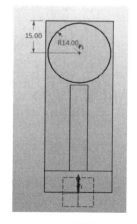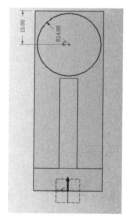

图 3-2-7　草图绘制

（3）完成草图后，使用【孔】命令，选取位置时，在空白处右击，出现快捷菜单，单击【曲率中心】选项，即可单击圆的轮廓选取圆心，类型选择常规孔，孔造型选择台阶孔，具体尺寸如图 3-2-8 所示。

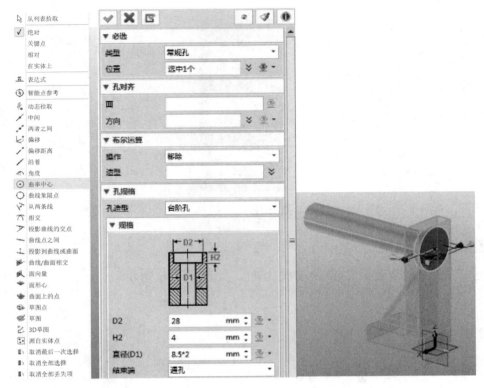

图 3-2-8　【孔】命令

（4）新建草图，选择如图 3-2-9 所示的平面进入草图绘制界面。使用【3 孔 PCD】命令，快速定位 3 个孔位置，圆心与台阶孔同心，中心圆直径为 22mm，3 个孔直径为 3.3mm，如图 3-2-10 所示。

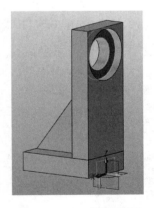

图 3-2-9　草图平面

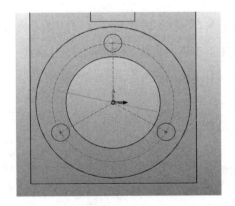

图 3-2-10　孔位置

（5）完成草图后，使用【孔】命令，位置选择草图中 3 个孔的圆心，孔类型选择螺纹孔，孔造型选择简单孔，具体尺寸如图 3-2-11 所示。

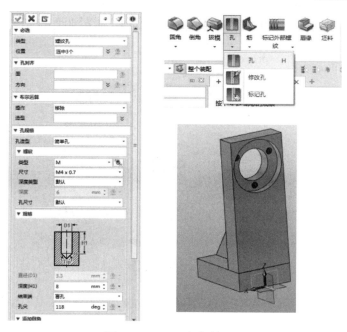

图 3-2-11 孔参数设置

（6）新建草图，选取如图 3-2-12 所示平面，进入草图绘制界面。使用【圆】命令绘制一个直径为 8mm 的圆，位置尺寸如图 3-2-13 所示。

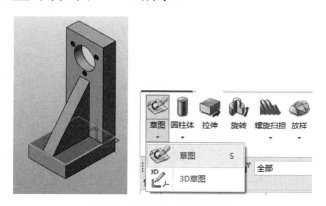

图 3-2-12 新建草图

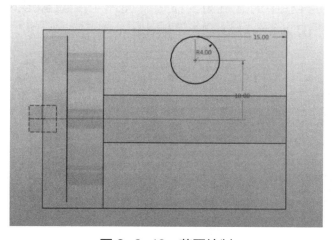

图 3-2-13 草图绘制

（7）使用【草图】工具栏中的【镜像】命令，实体选择刚画的圆，镜像线选择 X 轴，如图 3-2-14 所示。

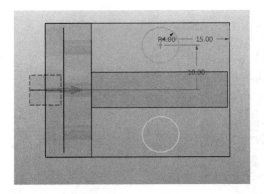

图 3-2-14　镜像

（8）完全约束草图后，退出草图，使用【孔】命令进行造型，具体尺寸如图 3-2-15 所示。

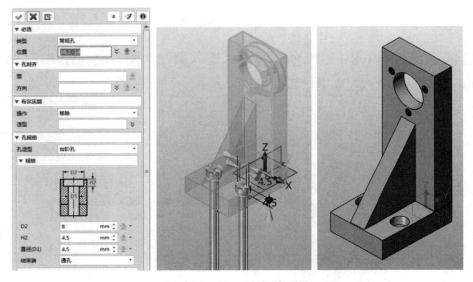

图 3-2-15　孔参数设置

（9）单击【造型】工具栏中的【倒角】命令，选择 45° 对称形式，倒角距离为 0.5mm，完成模型创建，如图 3-2-16 所示。

图 3-2-16　倒角

任务测评

对任务实施的完成情况进行检查，并将结果填入表 3-2-2。

表 3-2-2　任务测评表

序号	评分内容	评分明细	配分	扣分	得分
1	测量工具的使用（10 分）	测量工具使用不正确，每次扣 5 分，扣完为止	10		
2	支架建模的完整性（40 分）	软件使用不正确，每次扣 5 分	10		
		建模要素不完整，每项扣 2~10 分	30		
3	支架建模要素的正确性（40 分）	建模要素不正确，每项扣 2~10 分	40		
4	安全文明生产（10 分）	违反安全文明生产，扣 5 分	5		
		损坏元器件及仪表，扣 5 分	5		
5	合　计				
6	学习体会				

巩固与提高

按照实际测量尺寸，完成如图 3-2-17 所示的支架三维建模。

图 3-2-17　支架

任务 3　蜗杆传动机构端盖的三维建模

学习目标

◇ 知识目标

1. 掌握圆盘类零件的建模方法、步骤。

2. 掌握蜗杆传动机构中端盖参数的测量及三维建模方法。

◇ 能力目标

1. 能够正确规范使用测量工具测量圆盘类零件，并对测量数据进行分析处理。
2. 会使用中望 3D 软件完成端盖的三维建模。

任务分析

端盖零件是机械加工中常见的典型零件之一，应用范围很广，如支承传动轴的各种形式的轴承；夹具上的导向套；汽缸套等。通常起支承、密封和导向的作用，具有较高的尺寸精度、形状精度和表面粗糙度要求，并且同轴度要求很高。在进行本次任务的学习时，需要掌握蜗杆传动机构中端盖的三维建模设计，为后续三维建模的学习奠定基础。端盖建模设计如图 3-3-1 所示。

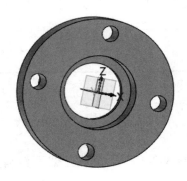

图 3-3-1　端盖建模设计

任务实施

一、任务准备

实施本任务所使用的实训设备及工具材料可参考表 3-3-1。

表 3-3-1　实训设备及工具材料

序号	分类	名称	型号规格	数量	单位	备注
1	工具	测绘工量具		1	套	
2	设备	计算机		1	台	
3	器材	3D 软件	中望 3D 软件	1	套	

二、端盖的三维建模

1. 测量端盖尺寸

利用游标卡尺和深度尺，测量端盖各部分尺寸，如图 3-3-2 所示。

（a）测量中心大孔　　　　（b）测量孔深　　　　（c）测量 4 个小孔尺寸

图 3-3-2　测量端盖尺寸

2. 旋转草图形成端盖主体

（1）新建零件类型文件，单击【草图】命令，选择 YZ 平面绘制草图，如图 3-3-3 所示。

图 3-3-3　绘制草图设置

（2）进入草图绘制界面，选择【绘图】命令，绘制出端盖旋转轮廓，通过【快速标注】命令进行尺寸标注，通过【添加约束】命令对草图完全约束，如图 3-3-4 所示。

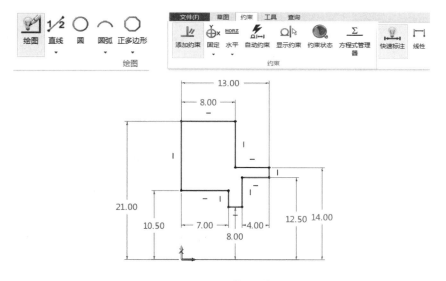

图 3-3-4　草图绘制

（3）退出草图，选择【旋转】命令，轮廓选取上一步绘制的草图，旋转轴为 Y 轴，旋转类型选择 2 边，起始角度为 0°，结束角度为 360°，布尔运算为基体运算，单击【确定】按钮 ✔，如图 3-3-5 所示。

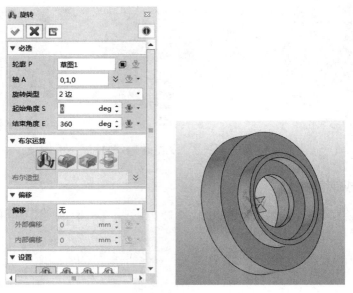

图 3-3-5　旋转草图形成端盖主体

3. 添加螺钉通孔

选择【孔】命令，孔的类型选择常规孔，根据实测尺寸，孔位置坐标依次为：（17,0,0）、（-17,0,0）、（0,0,17）、（0,0,-17）。平面选择端盖的大端面，方向为 Y 轴正方向。布尔运算中的操作类型选择移除，孔规格为简单孔，直径为 5mm，结束端选择通孔，单击【确定】按钮，绘图结果如图 3-3-6 所示。

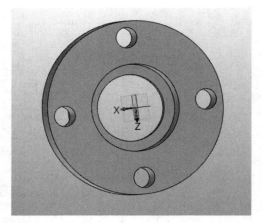

图 3-3-6　绘制螺钉通孔

4．倒角

选择【倒角】命令，在三维端盖中依次选取需要倒角的边，倒角距离为 0.5mm，单击【确定】按钮 ✅，结果如图 3-3-7 所示。

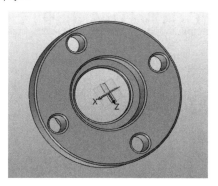

图 3-3-7　端盖倒角

任务测评

对任务实施的完成情况进行检查，并将结果填入表 3-3-2。

表 3-3-2　任务测评表

序号	评分内容	评分明细	配分	扣分	得分
1	测量工具的使用（10 分）	测量工具使用不正确，每次扣 5 分，扣完为止	10		
2	端盖建模的完整性（40 分）	软件使用不正确，每次扣 5 分	10		
		建模要素不完整，每项扣 2~10 分	30		
3	端盖建模要素的正确性（40 分）	建模要素不正确，每项扣 2~10 分	40		
4	安全文明生产（10 分）	违反安全文明生产，扣 5 分	5		
		损坏元器件及仪表，扣 5 分	5		
5	合　计		100		
6	学习体会				

巩固与提高

按照实际测量尺寸，完成如图 3-3-8 所示端盖的三维建模。

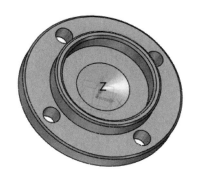

图 3-3-8　端盖

任务 4　蜗杆传动机构蜗杆轴的三维建模

学习目标

◇ 知识目标

1. 掌握中望 3D 软件的使用方法。

2. 掌握中望 3D 软件的零件的建模方法、步骤及技巧。

3. 掌握蜗杆传动机构蜗杆轴的测量及三维建模的方法和步骤。

◇ 能力目标

会使用中望 3D 软件完成蜗杆传动机构蜗杆轴的三维建模。

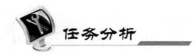

任务分析

蜗杆轴是组成机械的重要零件，也是机械加工中常见的典型零件之一。支承着转动件回转并传递扭矩，同时又通过轴承与机器的机架连接。蜗杆轴类零件是旋转零件，其长度大于直径，由外圆柱面、圆锥面、内孔、螺纹及相应端面组成。加工表面通常除了内外圆表面、圆锥面、螺纹、端面，还有花键、键槽、横向孔、沟槽等。根据功用和结构形状，蜗杆轴类零件有多种形式，如光轴、空心轴、半轴、阶梯轴、花键轴、偏心轴、曲轴、凸轮轴等。

本文将以蜗杆轴为例，重点介绍如何使用中望 3D 软件设计这种轴类零件，通过对此轴的建模了解该类型零件的建模方法，以达到触类旁通的效果。本次建模设计的过程如图 3-4-1 所示。本次任务理论和实际操作并重，结合实例、图解，快速提升操作者的三维零件设计水平。

（a）绘制轴　　　　　　（b）绘制轮齿、键槽　　　　　（c）倒角

图 3-4-1　蜗杆轴建模设计过程

一、任务准备

实施本任务教学所使用的实训设备及工具材料可参考表 3-4-1。

表 3-4-1　实训设备及工具材料

序号	分类	名称	型号规格	数量	单位	备注
1	工具			1	套	
2	设备	计算机		1	台	
3	器材	3D 软件	中望 3D 软件	1	套	

二、蜗杆轴的三维建模

【已知】蜗杆头数（Z_1）为 1 头，蜗轮齿数（Z_2）为 29 齿，模数（m）为 2，压力角（α）为 20°，螺旋升角（γ）为 4.927992°。

【求得】分度圆直径 $D_1 = mZ_1 / \tan\gamma \approx 23\text{mm}$，齿顶圆直径 $D_{a1} = D_1 + 2m = 27\text{mm}$，

　　　　齿根圆直径 $D_{f1} = D_1 - 2.4m = 18.2\text{mm}$，轴向齿距 $P_x = \pi m \approx 6.28\text{mm}$。

1．旋转出零件主体

（1）新建零件类型文件，单击【草图】命令，选择 YZ 平面绘制草图，如图 3-4-2 所示。然后使用【造型】工具栏【基础造型】组中的【旋转】命令进行草图旋转，轴选择 Y 轴，起始角度为 0°，结束角度为 360°，如图 3-4-3 所示。

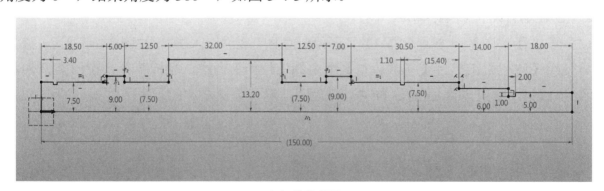

（a）整体草图

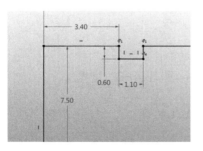

（b）左卡簧槽

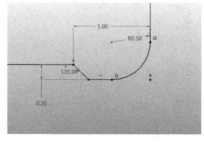

（c）越程槽

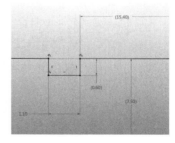

（d）右卡簧槽

图 3-4-2　绘制草图

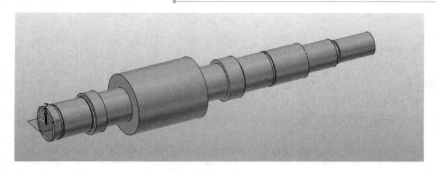

图 3-4-3　旋转

（2）使用【造型】工具栏【工程特征】组中的【孔】命令，做出轴前端中心孔，孔类型为螺纹孔，位置选择轴前端圆心，孔造型为简单孔，尺寸为 M3×0.5（mm），其余默认选择，如图 3-4-4 所示。

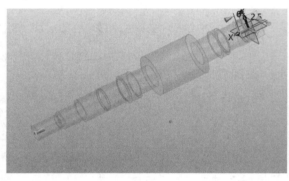
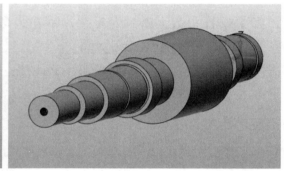

图 3-4-4　蜗杆轴

2. 创建蜗杆键槽、蜗杆轮齿

（1）单击【草图】命令，选择 XY 平面绘制草图，绘制出键槽，如图 3-4-5 所示。完成草图后，使用【造型】工具栏【基础造型】组中的【拉伸】命令，拉伸草图，拉伸类型为两边，起始点为 4mm，结束点为 6mm，布尔运算为减运算，如图 3-4-6 所示。

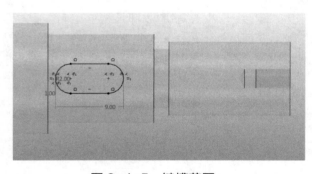
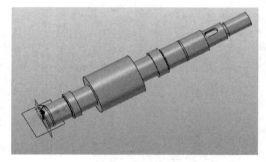

图 3-4-5　键槽草图　　　　　　　　图 3-4-6　键槽

（2）选择"YZ"平面绘制草图，绘制蜗杆梯形齿，如图 3-4-7 所示。完成草图后，使用【造型】工具栏【工程特征】组中的【螺纹】命令进行旋转，面选择蜗杆曲面，轮廓为梯形齿草图，参数设置如图 3-4-8 所示。匝数为 6 匝，距离（P_x）为 6.28mm，布尔运算为减运算，其余默认选择，完成结果如图 3-4-9 所示。

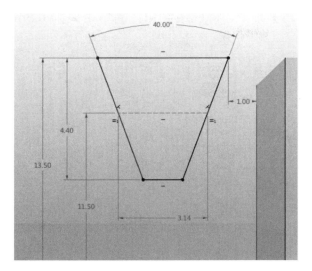

图 3-4-7　绘制蜗杆梯形齿草图

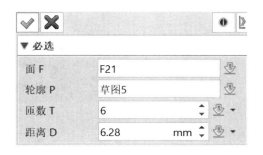

图 3-4-8　螺纹参数

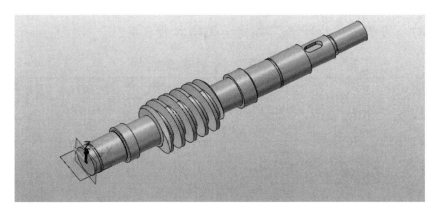

图 3-4-9　蜗杆轴三维建模

3. 创建蜗杆尾部螺纹

使用【造型】工具栏【工程特征】组中的【标记外部螺纹】命令，螺纹为 M10×1.5（mm），端部倒角距离为 0.75mm，如图 3-4-10 所示。

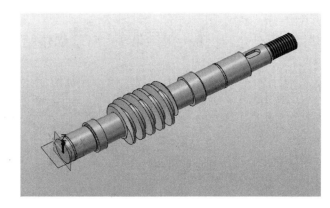

图 3-4-10　外部螺纹

4. 倒角

使用【造型】工具栏【工程特征】组中的【倒角】命令，将锐边倒角，倒角距离为 0.5mm。如图 3-4-11 所示。

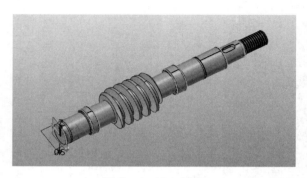

图 3-4-11　倒角

对任务实施的完成情况进行检查，并将结果填入表 3-4-2。

表 3-4-2　任务测评表

序号	评分内容	评分明细	配分	扣分	得分
1	测量工具的使用（10分）	测量工具使用不正确，每次扣 5 分，扣完为止	10		
2	蜗杆轴建模的完整性（40分）	软件使用不正确，每次扣 5 分	10		
		建模要素不完整，每项扣 2~10 分	30		
3	蜗杆轴建模要素的正确性（40分）	建模要素不正确，每项扣 2~10 分	40		
4	安全文明生产（10分）	违反安全文明生产，扣 5 分	5		
		损坏元器件及仪表，扣 5 分	5		
5	合　计		100		
6	学习体会				

按照实际测量尺寸，完成如图 3-4-12 所示蜗轮轴的三维建模。

图 3-4-12　蜗轮轴

任务 5　蜗杆传动机构蜗轮的三维建模

　学习目标

◇ 知识目标

1. 掌握中望 3D 软件的使用方法。

2. 掌握中望 3D 软件的零件的建模方法、步骤及技巧。

3. 掌握蜗杆传动机构蜗轮的测量及三维建模的方法和步骤。

◇ 能力目标

会使用中望 3D 软件完成蜗杆传动机构蜗轮的三维建模。

任务分析

蜗杆机构（见图 3-5-1）是由交错轴斜齿圆柱齿轮机构演化而来的，属于齿轮机构的一种特殊类型，用来传递两交错轴之间的运动。蜗轮是蜗杆机构中的主要零件之一，一般具有传递运动的作用。

图 3-5-1　蜗杆传动机构

本任务以蜗轮为例，介绍如何使用中望 3D 软件进行这类零件的设计，通过对蜗轮的三维绘制了解该类型零件的建模方法，以达到触类旁通的效果。本次建模设计的过程如图 3-5-2 所示。

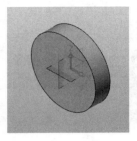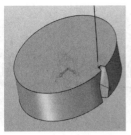

（a）拉伸主体　　　（b）创建轮齿　　　（c）阵列轮齿　　　（d）创建键槽孔

图 3-5-2　蜗轮建模设计过程

 任务实施

一、任务准备

实施本任务教学所使用的实训设备及工具材料可参考表 3-5-1。

表 3-5-1　实训设备及工具材料

序号	分类	名称	型号规格	数量	单位	备注
1	工具	测绘工量具		1	套	
2	设备	计算机		1	台	
3	器材	3D 软件	中望 3D 软件	1	套	

二、蜗轮的三维建模

【已知】蜗轮厚度为 15mm，模数（m）为 2，蜗杆头数（Z_1）为 1 头，蜗轮齿数（Z_2）为 29 齿，压力角（α）为 20°，顶圆直径测量为 66mm（$D_{e2}=(Z_2+4)m$），螺旋升角（γ）为 4.927992°。

【求得】喉圆直径 $D_{a2}=(Z_2+2)m=62mm$，分度圆直径 $D_2=mZ_2=58mm$，

齿根圆直径 $D_{f2}=(Z_2-2.4)m=53.2mm$，基圆直径 $D_b=\cos\alpha\times D_2\approx54.502mm$，

蜗杆分度圆直径 $D_1=mZ_1/\tan\gamma\approx23mm$，中心距 $a=0.5(D_1+D_2)=40.5mm$。

1. 拉伸出零件主体

新建零件类型文件，单击【草图】命令，选择 XZ 平面绘制草图，如图 3-5-3 所示。然后进行草图拉伸，拉伸类型选择对称，结束点为 7.5mm，如图 3-5-4 所示。

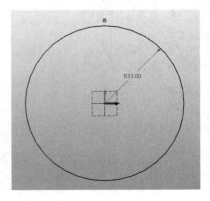

图 3-5-3　草图绘制

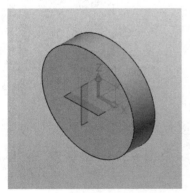

图 3-5-4　拉伸草图

2. 创建单个轮齿

（1）选择 *XZ* 平面绘制草图，使用【点】命令绘制草图，完成草图后，使用【线框】工具栏【曲线】组的【螺旋线】命令绘制螺旋线，如图 3-5-5 所示。螺旋线起点为（29,0,0）（29 为分度圆半径，单位为 mm）、轴为 *Y* 轴、匝数为 0.1、距离为 $\pi \times D_2 \times \tan(90° - \gamma) \approx 2112\text{mm}$。

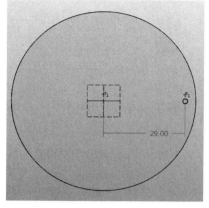

（a）绘制点

（b）参数设置

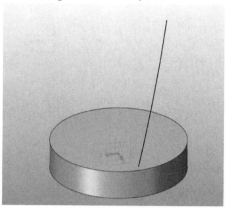

（c）绘制完成后的螺旋线

图 3-5-5 螺旋线绘制过程

（2）选择拉伸的顶面为平面创建草图，使用【圆】命令绘制基圆、分度圆、齿根圆，如图 3-5-6 所示，为绘制渐开线齿廓做准备。

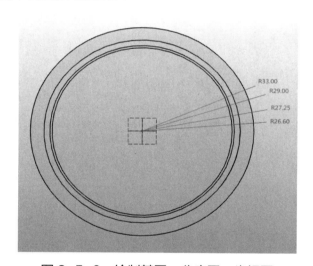

图 3-5-6 绘制基圆、分度圆、齿根圆

（3）单击【草图】工具栏【编辑曲线】组中的【方程式】命令，如图 3-5-7 所示。将公式中的 10 修改为基圆半径 27.251，勾选【选择另一个插入点，现在是（0.00,0.00）】复选框，单击【确定】按钮，齿轮渐开线绘制完成。

（4）选择【编辑曲线】组中的【修剪/延伸】命令，延伸渐开线至齿根圆，使用【绘图】命令绘制一条由圆心至渐开线与分度圆的交点的直线，使用【旋转】命令旋转这条直线，旋转角度为 −90°/ 齿数（*Z* = 29），打开【镜像】命令，镜像实体为渐开线，镜像线为旋转后的直线。连接两条渐开线的尾部，使用【画线修剪】命令，修剪掉多余的线段并退出草图，如图 3-5-8 所示。

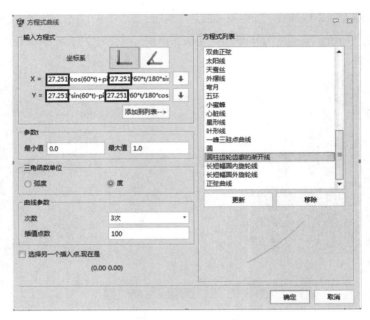

图 3-5-7　绘制渐开线齿廓

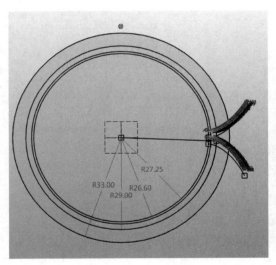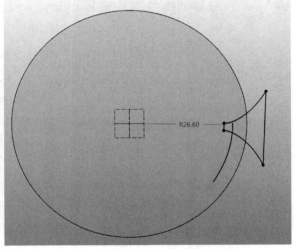

图 3-5-8　绘制齿廓线

（5）把实体改为线框显示，再以螺旋线端点建立基准平面，偏移为 0，X 轴旋转 90°，如图 3-5-9 所示。在新建的平面创建草图，使用圆命令画直径为 23mm 的圆，约束圆心距离为 40.5mm，如图 3-5-10 所示。

注：轮廓圆圆心到蜗轮圆心的中心距 $a=40.5\text{mm}$，轮廓圆半径（中心距减分度圆半径）为 11.5mm。

（6）完成草图绘制后退出，使用【扫掠】命令，轮廓选择齿轮渐开线的草图，路径选择上一步画的 ϕ23mm 的圆，布尔运算选择减运算，如图 3-5-11 所示。

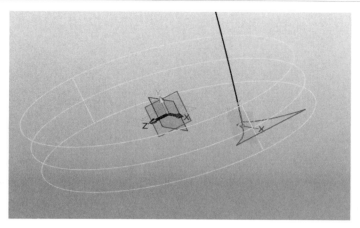

图 3-5-9　创建平面

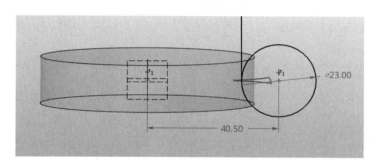

图 3-5-10　绘制圆

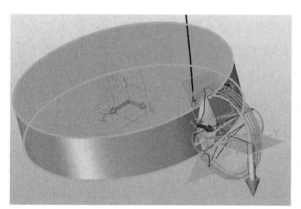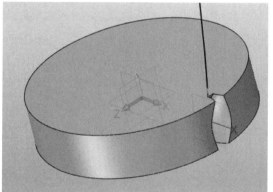

图 3-5-11　扫掠

3. 阵列轮齿

（1）完成扫掠后齿边使用【倒角】命令，齿边倒角大小为模数×0.5，齿顶和齿底倒圆，齿顶圆角大小为模数×0.1，齿底圆角大小为模数×0.38，如图 3-5-12 所示。完成后，使用【基础编辑】组中的【阵列特征】命令，选择圆形阵列，基体选择扫掠切除的形状和齿顶、齿底倒圆，方向选择 Y 轴方向，数目为齿数（29），角度为 360°/齿数（29），如图 3-5-13 所示。

（2）选择 XY 平面新建草图，用【圆】命令画半径为 9.5mm 的圆（中心距减喉圆半径），距离蜗轮圆心 40.5mm（中心距），完成草图，如图 3-5-14 所示。对草图进行旋转，使用【基础造型】组中的【旋转】命令，轴选择 Y 轴，起始角度为 0，结束角度为 360°，布尔运算选择减运算，结果如图 3-5-15 所示。

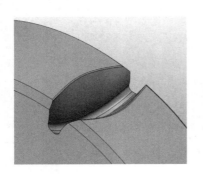

图 3-5-12　倒角

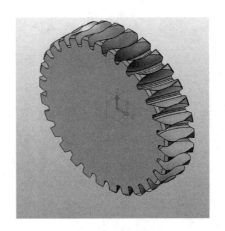

图 3-5-13　阵列

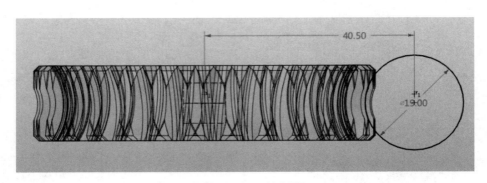

图 3-5-14　绘制圆

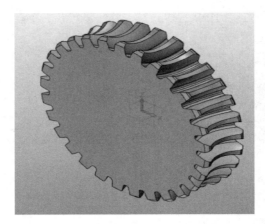

图 3-5-15　旋转后的轮齿

4. 创建键槽孔

单击【草图】命令，选择蜗轮上表面为平面绘制草图，绘制出键槽。完成草图后，使用【拉伸】命令进行拉伸，拉伸长度为 20mm。使用【倒角】命令，对孔边进行倒角，倒角大小为 0.5mm，如图 3-5-16 所示。

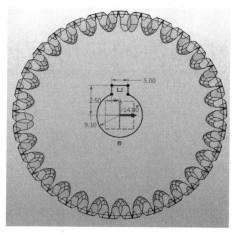

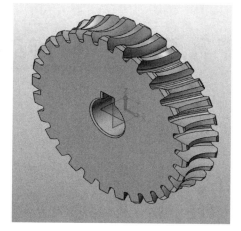

（a）绘制草图　　　　　　　　　　　　（b）拉伸、倒角

图 3-5-16　绘制键槽孔

任务测评

对任务实施的完成情况进行检查，并将结果填入表 3-5-2。

表 3-5-2　任务测评表

序号	评分内容	评分明细	配分	扣分	得分
1	测量工具的使用（10 分）	测量工具使用不正确，每次扣 5 分，扣完为止	10		
2	蜗轮轴建模的完整性（40 分）	软件使用不正确，每次扣 5 分	10		
		建模要素不完整，每项扣 2~10 分	30		
3	蜗轮轴建模要素的正确性（40 分）	建模要素不正确，每项扣 2~10 分	40		
4	安全文明生产（10 分）	违反安全文明生产，扣 5 分	5		
		损坏元器件及仪表，扣 5 分	5		
5	合　计		100		
6	学习体会				

巩固与提高

已知蜗轮厚度为 15mm，模数（m）为 2，蜗杆头数（Z_1）为 1 头，蜗杆分度圆直径为 22.4mm，蜗轮齿数（Z_2）为 39，螺旋升角（γ）约为 5.102222°，中心距 a 为 50mm。请绘制该蜗轮三维模型。

喉圆直径 $D_{a2} = (Z_2 + 2)m$；　　　　分度圆直径 $D_2 = mZ_2$；

齿根圆直径 $D_{f2} = (Z_2 - 2.4)m$；　　基圆直径 $D_b = \cos\alpha \times D_2$；

蜗杆分度圆直径 $D_1 = mZ_1 / \tan\gamma$；　顶圆直径 $D_{e2} = (Z_2 + 2)m + 2m$。

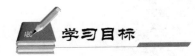

任务6 **蜗杆传动机构箱体的三维建模**

学习目标

◇ 知识目标

1. 掌握中望 3D 软件的使用方法。

2. 掌握中望 3D 软件的零件的建模方法、步骤及技巧。

3. 掌握蜗杆传动机构箱体的测量及三维建模的方法和步骤。

◇ 能力目标

会使用中望 3D 软件完成蜗杆传动机构箱体的三维建模。

任务分析

箱体类零件是机器中的主要零件之一，一般具有容纳、支承、零件定位和密封等作用。它将其内部的轴、轴承、套和齿轮等零件按照一定的相互位置关系装配起来，并按预期的传动关系进行运动。本任务是以蜗轮箱体为例，如图 3-6-1 所示，通过中望 3D 软件完成该零件的建模。因此，在进行本次任务的学习时，必须要熟悉中望 3D 软件箱体类零件的建模方法，掌握箱体类零件的三维建模设计方法。

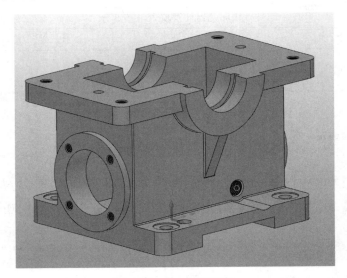

图 3-6-1　蜗轮箱体

一、任务准备

实施本任务教学所使用的实训设备及工具材料可参考表 3-6-1。

表 3-6-1 实训设备及工具材料

序号	分类	名称	型号规格	数量	单位	备注
1	工具	测绘工量具		1	套	
2	设备	计算机		1	台	
3	器材	3D 软件	中望 3D 软件	1	套	

二、箱体的三维建模

蜗杆传动机构箱体的三维建模按照拉伸出零件主体，创建箱体槽、孔部位，创建箱体固定孔螺栓孔，创建圆形观察游标口和漏油口，箱体倒圆角五个步骤进行。

1. 拉伸出零件主体

（1）新建箱体零件类型文件，单击【草图】命令，选择 XZ 平面绘制草图，如图 3-6-2 所示。

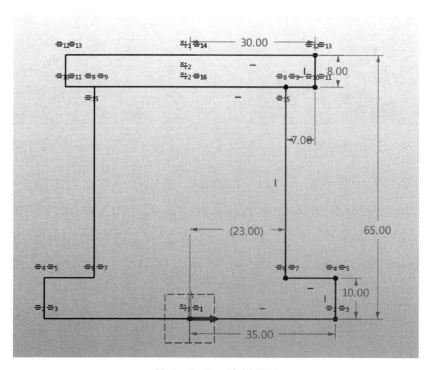

图 3-6-2 绘制草图

（2）进行草图拉伸，拉伸时单击【轮廓封闭区域】按钮 ，选择紫色区域轮廓，如图 3-6-3 所示，拉伸类型选择对称拉伸，结束点为 42mm，单击【确定】按钮 ，如图 3-6-4 所示。

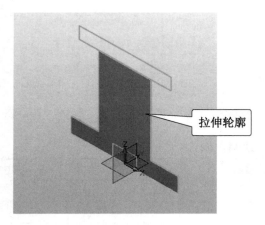

图 3-6-3　拉伸轮廓

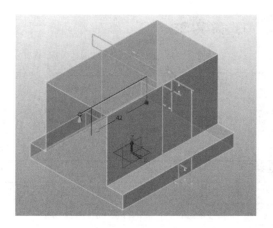

图 3-6-4　拉伸效果

草图拉伸时单击【轮廓封闭区域】按钮 ⬛，选择紫色区域轮廓，如图 3-6-5 所示，拉伸类型选择对称拉伸，结束点为 55mm，布尔运算选择加运算，单击【确定】按钮 ✔，如图 3-6-6 所示。

图 3-6-5　拉伸轮廓

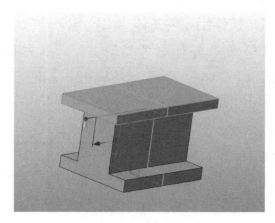

图 3-6-6　拉伸效果

（3）选择 YZ 平面为绘图平面，绘制箱体两侧半圆形凸台草图，如图 3-6-7 所示。然后执行拉伸操作，拉伸类型为对称，结束点为 33mm，布尔运算为加运算，拉伸效果如图 3-6-8 所示。

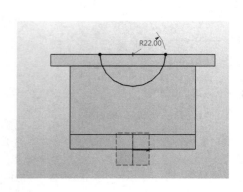

图 3-6-7　凸台草图绘制

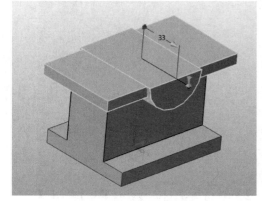

图 3-6-8　凸台拉伸效果

（4）选择 *XZ* 平面为绘图平面，绘制箱体两侧圆形凸台草图，并对其位置进行约束，如图 3-6-9 所示。然后执行拉伸操作，拉伸类型对称，结束点为 45mm，布尔运算选加运算。拉伸效果如图 3-6-10 所示。

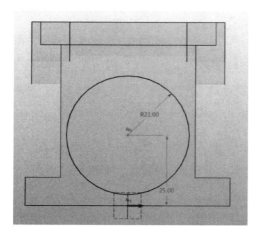

图 3-6-9　草图绘制

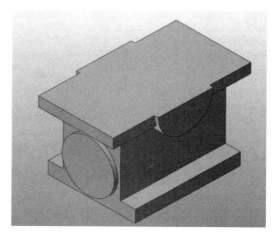

图 3-6-10　拉伸效果

（5）绘制箱体两侧的支撑肋板，运用草图命令在 *XZ* 平面创建草图，在草图界面运用绘图命令，绘制一条斜线，并进行完全约束，如图 3-6-11 所示。退出草图，选择【筋】命令，创建肋板，然后选择【镜像】命令将其肋板镜像到另一侧，如图 3-6-12 所示。

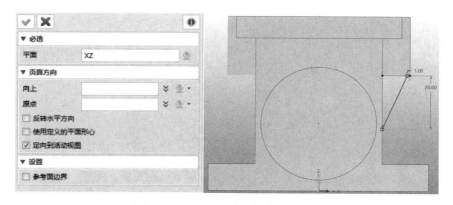

图 3-6-11　支撑肋板草图绘制

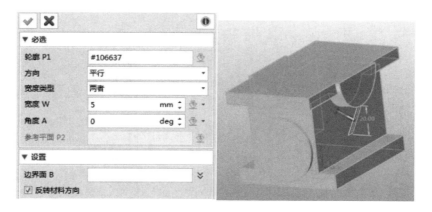

图 3-6-12　创建肋板

2. 创建箱体槽、孔部位

（1）单击【造型】工具栏中的【圆柱体】命令，在空白处右击，选择【曲率中心】命令，选择半圆形凸台，如图 3-6-13 所示。半径设置为 12mm，长度设置为-66mm，布尔运算选择减运算，对齐平面选择凸台端面，结果如图 3-6-14 所示。

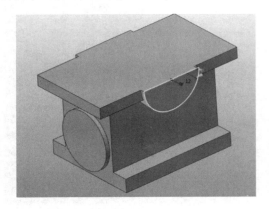
图 3-6-13　选择凸台曲率中心

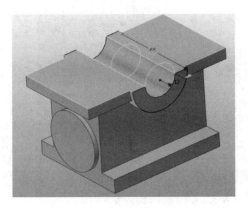
图 3-6-14　创建三维效果

（2）单击【造型】工具栏中的【草图】命令，选择图中高光部分作为草图绘制平面，如图 3-6-15 所示，绘制一个半径为 14mm 的同心圆，退出草图，选择【拉伸】命令，拉伸类型为 2 边，起始点为 -6.5 mm，结束点为 -9.5 mm，布尔运算选择减运算，对齐平面选择凸台端面，如图 3-6-16 所示。

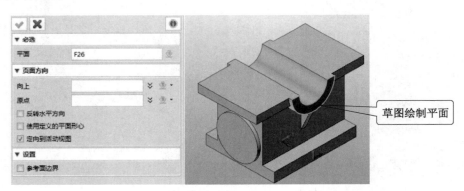
图 3-6-15　箱体槽、孔部位草图绘制平面

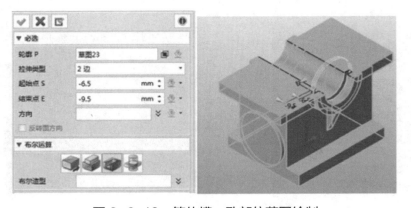
图 3-6-16　箱体槽、孔部位草图绘制

（3）单击【曲面】工具栏【基础编辑】组中的【镜像特征】命令，实体选择图中高亮部分，平面选择 *YZ* 平面，单击【确定】按钮 ✓ ，完成特征镜像操作，如图 3-6-17 所示。

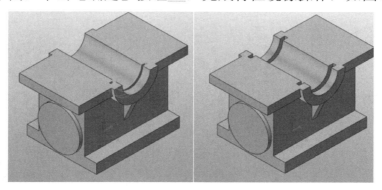

图 3-6-17　镜像特征

（4）单击【草图】命令，选择 *YZ* 平面绘制草图并约束尺寸，如图 3-6-18 所示。进行草图拉伸，拉伸类型选择对称拉伸，结束点为 15mm，布尔运算选择减运算，单击【确定】按钮 ✓ ，如图 3-6-19 所示。

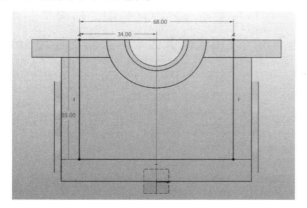

图 3-6-18　绘制草图

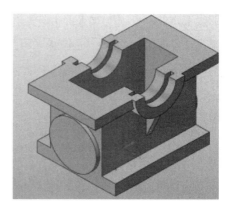

图 3-6-19　拉伸求差

（5）单击【造型】工具栏中的【圆柱体】命令，右击空白处选择【曲率中心】命令，选择凸台端面，半径设置为 14mm，长度设置为-100mm，布尔运算选择减运算，对齐平面选择凸台端面，如图 3-6-20 所示。

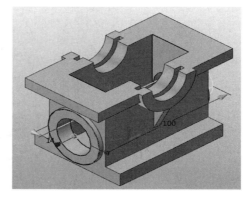

图 3-6-20　拉伸求交

（6）单击【造型】工具栏中的【六面体】命令，捕捉底面中心，长度设置为200mm，宽度设置为10mm，高度设置为40mm，布尔运算选择减运算，效果如图3-6-21所示。

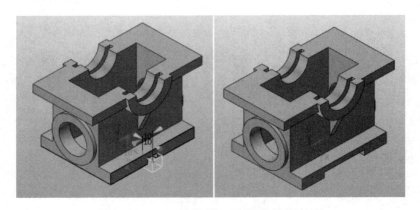

图3-6-21　箱体槽、孔部位造型效果

3. 创建箱体固定孔、螺栓孔

（1）选择如图3-6-22所示草图绘制平面，进行箱体固定孔草图绘制（选择【点】命令并对其尺寸进行约束），单击【基础编辑】组中的【镜像特征】命令，选择轮廓，镜像平面依次选择 XZ 和 YZ 平面，然后定位两个定位销的销孔位置（使用【圆】命令，大圆半径为3mm，小圆半径为1.6mm），如图3-6-23所示。

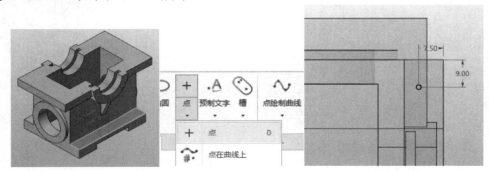

图3-6-22　草图绘制

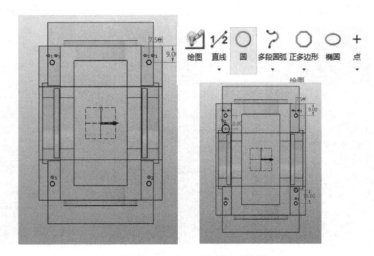

图3-6-23　孔特征草图

再进行拉伸操作，拉伸类型为单向，结束点为 10mm，布尔运算选择减运算，用【孔】命令打 4 个台阶孔，圆心分别为 4 个点，效果如图 3-6-24 所示。

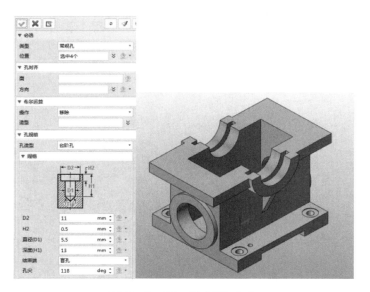

图 3-6-24　选择孔命令

（2）选择如图 3-6-25 所示草图绘制平面，进行圆形凸台螺纹孔的绘制（选择【草图】工具栏【子草图】组中的【4 孔 PCD】命令），并设置孔尺寸，选择草图旋转 4 个孔到指定位置（旋转角度为 45°），效果如图 3-6-26 所示。

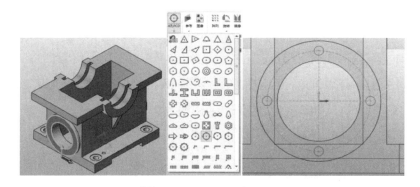

图 3-6-25　4 孔 PCD

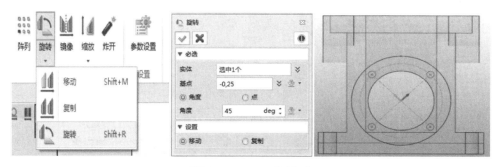

图 3-6-26　旋转孔

（3）单击【孔】命令，类型选择螺纹孔，位置选中 4 个孔，孔造型选择简单孔，螺纹类型为 M，尺寸为 M4×0.7（mm），孔规格深度为 8mm，单击【确定】按钮 ✔，如图 3-6-27 所示。单击【镜像特征】命令，选中 4 个螺纹孔特征，镜像平面选择 XZ 平面，单击【确定】按钮 ✔，完成螺纹孔的绘制。

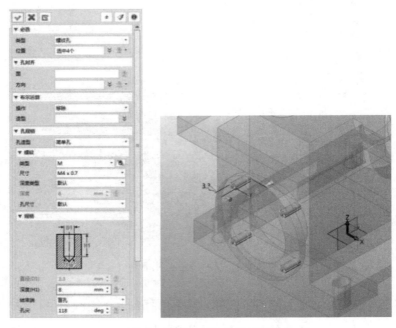

图 3-6-27　孔参数设置

（4）编辑箱体上表面 4 个螺纹孔。选择如图 3-6-28 所示草图绘制平面进行螺栓孔草图绘制（使用【圆】命令），单击【基础编辑】组中的【镜像特征】命令，选择轮廓，镜像平面分别选择 XZ 和 YZ 平面，单击【确定】按钮 ✔，退出草图。单击【孔】命令，类型选择螺纹孔，位置选中 4 个孔，孔造型选择简单孔，螺纹类型为 M，尺寸为 M4×0.7（mm），孔规格结束端选择通孔，单击【确定】按钮 ✔，如图 3-6-29 所示。

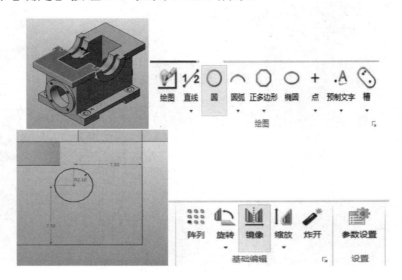

图 3-6-28　草图镜像

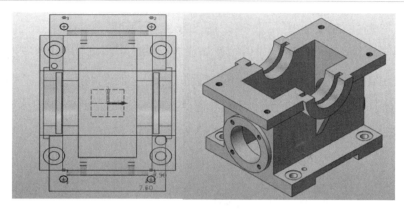

图 3-6-29　孔造型

（5）编辑箱体上表面 2 个销孔。选择如图 3-6-30 所示草图绘图平面进行 2 个销孔草图的绘制（使用【圆】命令编辑圆位置），单击【确定】按钮，退出草图。进行草图拉伸，拉伸类型选择 1 边拉伸，结束点为 10mm，布尔运算选择减运算，单击【确定】按钮。

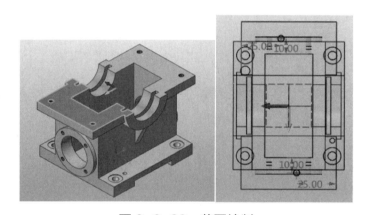

图 3-6-30　草图绘制

4. 创建圆形观察游标孔、漏油孔

（1）绘制箱体右侧面的观察游标孔。选择如图 3-6-31 所示草图绘制平面进行游标口草图绘制（使用【点】命令编辑圆位置），单击【确定】按钮，退出草图。对草图使用【孔】命令打孔，M16×1.5（mm）的螺纹台阶孔，孔深可以将单边打通即可，单击【确定】按钮。

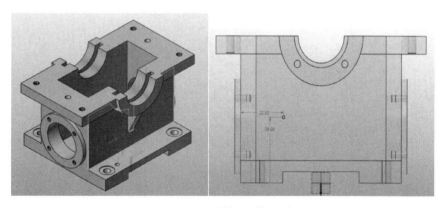

图 3-6-31　游标孔草图绘制

（2）绘制箱体左侧面的漏油孔。选择如图 3-6-32 所示平面为绘图平面进行漏油孔草图绘制（使用【点】命令编辑圆位置），单击【确定】按钮✔️，退出草图。对草图使用【孔】命令打孔，RP 1/16 的管螺纹，孔深将单边打通即可，然后使用【圆柱】命令，空白处右击选择【曲率中心】命令（选择刚刚绘制的管螺纹中心）绘制一个半径为 6mm 的圆柱，向外部拉伸，布尔运算选择减运算，单击【确定】按钮✔️，如图 3-6-33 所示。

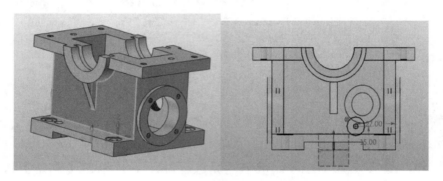

图 3-6-32　漏油孔草图绘制

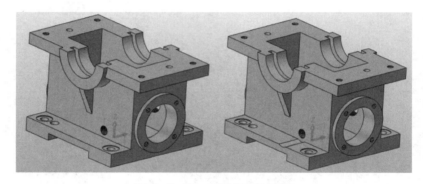

图 3-6-33　螺纹孔效果图

5. 箱体倒圆角

单击【造型】工具栏中的【圆角】命令，选择圆角位置，执行半径为 1mm 的圆角处理，完成模型创建，如图 3-6-34 所示。

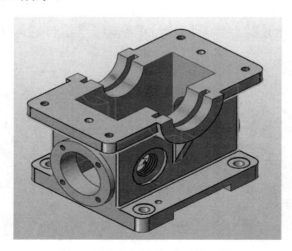

图 3-6-34　箱体模型效果图

任务测评

对任务实施的完成情况进行检查，并将结果填入表 3-6-2。

表 3-6-2　任务测评表

序号	评分内容	评分明细	配分	扣分	得分
1	测量工具的使用（10 分）	测量工具使用不正确，每次扣 5 分，扣完为止	10		
2	箱体建模的完整性（40 分）	软件使用不正确，每次扣 5 分	10		
		建模要素不完整，每项扣 2~10 分	30		
3	箱体建模要素的正确性（40 分）	建模要素不正确，每项扣 2~10 分	40		
4	安全文明生产（10 分）	违反安全文明生产，扣 5 分	5		
		损坏元器件及仪表，扣 5 分	5		
5	合　计		100		
6	学习体会				

巩固与提高

按照实际测量尺寸，完成如图 3-6-35 所示箱盖的三维建模。

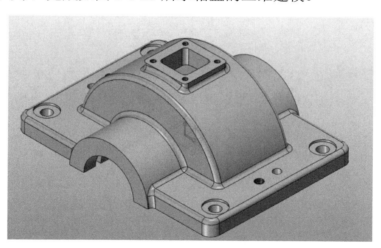

图 3-6-35　箱盖

项目 **4** 绘制二维零件图

任务 1　绘图环境及快捷键设置

 学习目标

◇ 知识目标

1. 熟悉中望机械 CAD 软件的界面，并能在两种界面之间进行切换。
2. 掌握中望机械 CAD 软件的工具栏定制、绘图环境设置等操作。

◇ 能力目标

1. 能熟练使用中望机械 CAD 软件进行二维工程图的绘制。
2. 能设置符合自己操作习惯和设计风格的操作界面。

 任务分析

中望机械 CAD 软件是二维工程图绘制工具，面向二维工程图绘制，涉及大量的指令操作和图形交互，同时不同的人群又有不同的操作习惯和操作需求，中望机械 CAD 软件在人机交互方面做的工作很充分，通过定制任务栏、切换操作界面、设置自定义快捷键、设置绘图环境等可以满足操作者的不同需求。

为了更好的利用中望机械 CAD 软件进行计算机绘图，必须熟悉其操作界面和绘图环境，因此本任务通过认识界面、定制任务栏、切换操作界面和设置绘图环境等知识环节，引导学习中望机械 CAD 软件，能结合自身特点设置符合自身操作需求的操作环境，提高使用效率，为后续二维工程图绘制的学习奠定基础。中望机械 CAD 软件操作界面如图 4-1-1 所示。

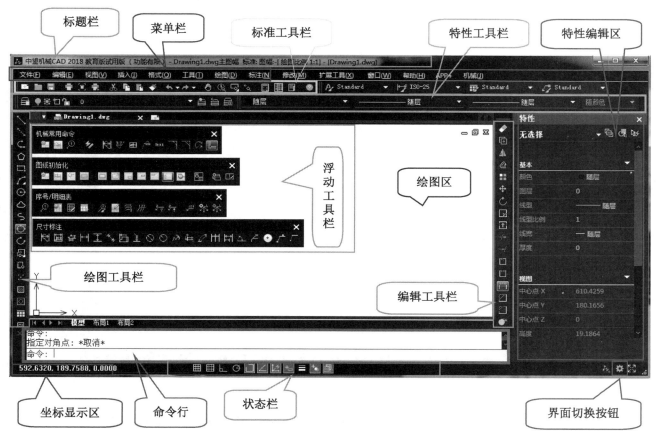

图 4-1-1　中望机械 CAD 软件操作界面

 任务实施

一、任务准备

（1）中望机械 CAD 软件界面可以在"二维草图与注释"界面和"ZWCAD 经典"界面之间切换，以适应不同的使用习惯。

（2）工具栏可以拖动以调整位置，甚至可以关闭或者再打开。

（3）自定义选项设置，调整绘图环境。

二、认识中望机械 CAD 软件

1. 切换界面

单击软件右下角的齿轮 ✿ 按钮，弹出界面切换菜单，如图 4-1-2 所示。单击【二维草图与注释】或【ZWCAD 经典】选项即可在"ZWCAD 经典"界面和"二维草图与注释"界面之间任意切换。

如图 4-1-3 所示为"ZWCAD 经典"界面，是默认的传统经典界

图 4-1-2　界面切换

面，以菜单栏整合大多数命令；图 4-1-4 所示为"二维草图与注释"界面，大幅度增加了标注工具栏中的常用命令数量，为操作者提供方便。这两种操作界面的操作指令是相同的，可以根据自己的习惯随意切换。

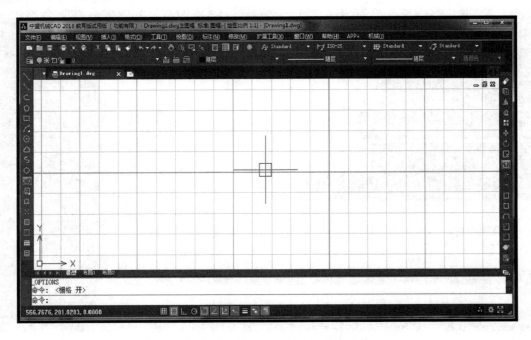

图 4-1-3 "ZWCAD 经典"界面

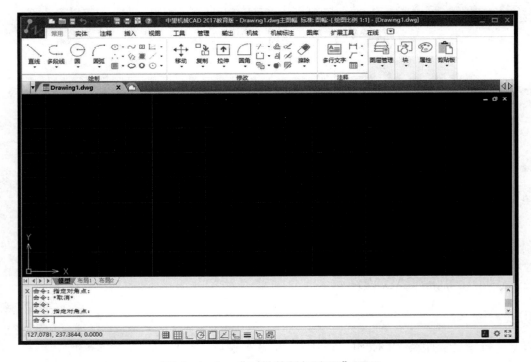

图 4-1-4 "二维草图与注释"界面

2. 调整工具栏

工具栏的位置不固定，两种界面的工具栏都可以关闭、调出或者改变位置。

（1）操作者可以根据自己的需求，自行拖动浮动工具栏，调整位置。

将工具栏拖动至绘图窗口的上侧、左侧或右侧，工具栏会自动吸附，如图 4-1-5 所示。

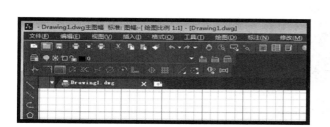  

（a）向上吸附　　　　　　　　（b）向左吸附　　　　　　　　（c）向右吸附

图 4-1-5　工具栏的吸附位置

（2）关闭工具栏。

① 在经典界面中，工具栏可以关闭或调出，如果操作者不需要工具栏进行操作，可单击【关闭】按钮关闭工具栏，使其不显示在界面上，此时绘图区域显示面积会增大，更便于看图。

图 4-1-6　关闭工具栏

② 在草图界面，有一个【最小化为选项卡】按钮，如图 4-1-7 所示，单击可以关闭工具栏，将绘图区的显示区域增大。

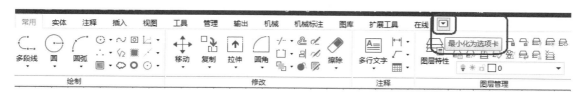

图 4-1-7　最小化为选项卡按钮

（3）调出工具栏。

在经典界面中，若要把关闭的工具栏重新显示在界面上，可在工具栏标题处右击，在需要显示的工具栏前打钩即可，如图 4-1-8 所示。

在草图界面，单击【最小化为选项卡】按钮就可显示。

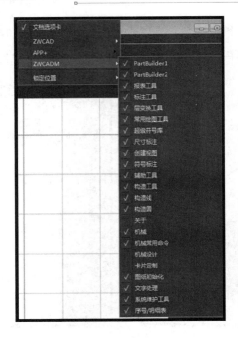

图 4-1-8　显示工具栏

3. 设置绘图环境

绘图环境在【选项】对话框中设置。单击【工具】→【选项】菜单命令，或在命令行输入 OP，然后按空格键或回车键执行命令，便可以打开【选项】对话框，如图 4-1-9 所示。

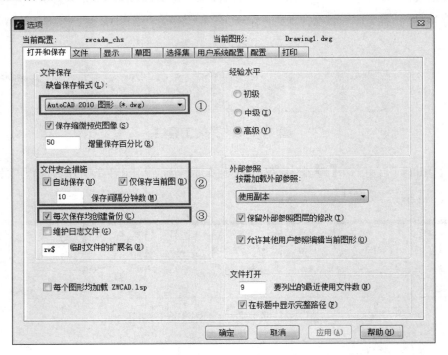

图 4-1-9　【选项】对话框

在【选项】对话框中，可以设置文件打开与保存格式，文件存储路径、位置，绘图区域的显示设置，捕捉标记和靶框大小调整，拾取框、夹点大小设置，用户系统配置等。

（1）设置【打开与保存】选项卡。

如图 4-1-9 所示，在此选项卡中常需要设置调整的内容有以下三项。

① 设置文件保存格式：默认为 DWG2010 格式，可根据需要将文件保存格式设置为 DWT、R14-DWG2013、R12-DXF2013 等，以满足所保存文件在不同软件环境下的使用要求，方便交流。

② 设置自动保存：软件默认开启自动保存功能，且每 10 分钟保存一次。为了防止断电等意外，可以根据实际情况减少保存间隔时间，自定义自动保存的时间。如果不需要自动保存，也可以取消勾选【自动保存】复选框。

③ 创建备份：【每次选择均创建备份】选项默认是选择的，每次创建一个文件时，系统都会自动创建一个备份文件，当不需要创建备份时，可以取消勾选此选项。

④ 其他项目根据实际需要进行调整。

（2）设置【文件】选项卡。

在【文件】选项卡中，可以设置文件的搜寻路径、文件名和自动保存文件位置等。在使用中如果需要自己设定文件的保存位置，可以在此选项卡中予以调整，如图 4-1-10 所示。

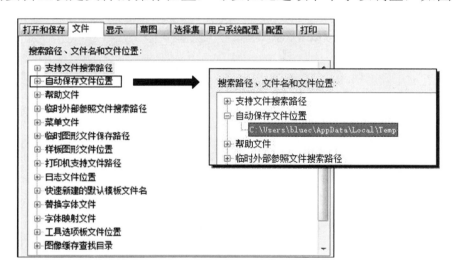

图 4-1-10　【文件】选项卡设置"自动保存文件位置"

（3）设置【显示】选项卡。

在此选项卡中，可以设置绘图区窗口的背景颜色、十字光标大小和显示精度。

① 设置绘图区窗口的背景颜色：单击【颜色】按钮，弹出如图 4-1-11 中"①"所示的【图形窗口颜色】对话框，可以修改二维模型空间（背景）、图纸/布局、打印预览、命令行等窗口的颜色。

② 可以根据自己的习惯和需要，在图 4-1-11 所示"②"处移动滑块的位置以调整十字光标的大小，默认为 5，如图 4-1-12 所示。

③ 通过增大如图 4-1-11 所示"③"处的"显示精度"数值，能避免因显示精度设置

较低时圆和圆弧不够平滑的问题。

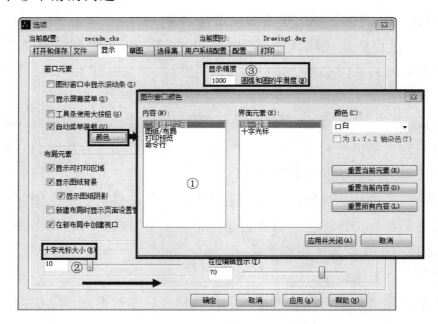

图 4-1-11 【显示】选项卡

图 4-1-12 调整十字光标大小

（4）设置【草图】选项卡。

① 自动捕捉设置：可以设置是否显示自动捕捉标记、设置标记颜色和标记大小等，如图 4-1-13 中 "①" 下所示部分。

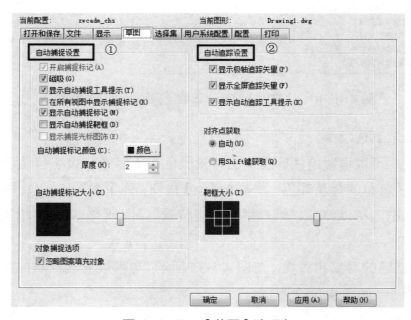

图 4-1-13 【草图】选项卡

② 自动追踪设置：可以设置是否显示极轴追踪矢量、设置靶框大小等，如图 4-1-13 中"②"下所示部分。

（5）设置【选择集】选项卡。

拖动【选择集】选项卡左上角的滑块可以调整拾取框的大小，使其更加方便准确地选中图形，如图 4-1-14 所示。还可以用同样方法在右上角调整夹点大小。

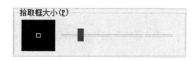

图 4-1-14　调整拾取框大小

（6）设置【配置】选项卡。

在【配置】选项卡中可以重置界面设置，使其恢复到软件默认的界面设置，如图 4-1-15 所示。

图 4-1-15　重置界面

通过调整工具栏位置，设置绘图环境来初步认识中望机械 CAD 软件。对任务实施的完成情况进行检查，并将结果填入表 4-1-1。

表 4-1-1　任务测评表

序号	评分内容	评分明细	配分	扣分	得分
1	界面认识（10 分）	清楚了解软件界面各区域的功能和作用	10		
2	调整工具栏（40 分）	拖动工具栏位置，关闭和显示工具栏	20		
		更改默认保存格式	10		
		更改自动保存的时间间隔	10		
3	选项设置（50 分）	更改自动保存的文件夹位置	10		
		修改绘图背景颜色	10		
		修改十字光标大小	15		
		修改拾取框大小	15		
4	合　计		100		
5	学习体会				

巩固与提高

1. 调整工具栏位置。
2. 将自动保存的时间间隔改为 1 分钟。
3. 调整十字光标大小为其最大幅度的 1/2、拾取框大小为最大幅度的 1/3。

任务2 绘制底板零件图

学习目标

◇ 知识目标

1. 掌握中望机械 CAD 软件的图幅设置等功能，能根据要求进行图纸设置。
2. 认识零件的功能结构和工艺结构，理解它们对零件形态和功能的影响。
3. 理解工艺基准和设计基准及标注尺寸基准选择的原则。

◇ 能力目标

能正确设置中望机械 CAD 软件的图幅，合理选择视图方案，合理选择基准，完成绘制底板的零件图。

任务分析

绘制如图 4-2-1 所示的蜗杆传动机构底板零件图，并在绘制过程中掌握中望机械 CAD 软件的图幅设置，熟悉平板类零件图的视图布局、尺寸标注，了解尺寸基准、工艺结构等常用概念。

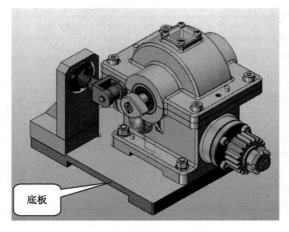

图 4-2-1 蜗杆传动机构底板

平板类零件具有以下特征：其最大的两个表面需要进行切削加工，多用来实现固定、连接和支承功能；形体基本上是长方体，两个最大面之间的尺寸远小于另外的面间距；一般具有凹槽、孔等用来固定、连接和定位的结构。

本任务的测绘件——底板就是典型的平板类零件，它用于支承、固定蜗轮传动机构的支座和蜗轮箱，其上表面分别实现了对支座和蜗轮箱的高度定位，通过凹槽和销孔实现两者的水平定位。在绘制底板的零件图时，要表达其形体特征和所要实现的功能；理解零件图的基本组成，能根据软件绘图的特点合理安排各部分的绘制步骤，完成零件图的绘制。

任务实施

一、设置图幅

输入图幅命令（TF），调出【图幅设置】对话框，如图 4-2-2 所示。

1. 选择技术图样的制图标准

单击【样式选择】后的 按钮，打开【标准】对话框，从中选择制图标准，这里选择国家标准"GB"。

2. 设置其他参数

综合考虑底板的尺寸、需要采用的视图数量、所需表达要素的数量和密集程度等因素后，大致确定图幅样式、布置方式、图幅大小和绘图比例，如果在后期绘图中发现不合适可以修改。参数设置如图 4-2-2 所示。

（1）底板的总体尺寸是 140mm×130mm×12mm，形体结构比较简单，采用主视图、俯视图两个视图表达，图幅样式选择无分区图框样式（分区图框样式用来表达复杂零件，便于迅速定位、寻找到某一形体）。

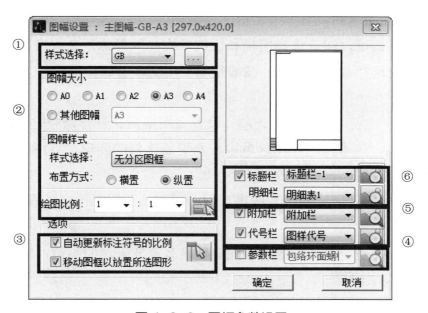

图 4-2-2　图幅参数设置

（2）在实际生产中工厂的纸质图纸的叠放习惯是长边对折，除了 A4 图纸外其他图幅一般选择横置，A4 图纸通常选择纵向放置。实际应用中以实际需要为依据，比如在 A4 图幅中采用主视图、左视图表达，采用纵向放置时空间不足时，将图纸横向放置也是允许的。

（3）根据零件尺寸和形体结构复杂程度，综合选择图幅和比例，清晰、方便地表达视图。

首先，根据国标初步确定比例。在选择比例时，优先选用 1:1，当图形太大或太小时，为便于看图，也可以选择缩小或放大，必须满足 GB/T 14690—1993《技术制图 比例》的规定。从规定的系列中选取适当的比例，如表 4-2-1 所示，必要时也允许选取表 4-2-2 中所示的比例。

表 4-2-1 优先选择比例

种 类	比 例
原值比例	1:1
放大比例	5:1，2:1
	$5×10^n:1$，$2×10^n:1$，$1×10^n:1$
缩小比例	1:2，1:5，1:10
	$1:2×10^n$，$1:5×10^n$，$1:1×10^n$

注：n 为正整数。

表 4-2-2 允许选择比例

种 类	比 例
放大比例	4:1，2.5:1
	$4×10^n:1$，$2.5×10^n:1$
缩小比例	1:1.5，1:2.5，1:3，1:4，1:6
	$1:1.5×10^n$，$1:2.5×10^n$，$1:3×10^n$，$1:4×10^n$，$1:6×10^n$

注：n 为正整数。

其次，根据够用原则选择初步确定图幅。图形在图幅中应该做到"上留天，下留地，左右留边"，使图形能在所选图幅上不浪费空间也不局促。

最后，根据实际情况，综合选择图幅和比例。实物的形体复杂程度决定表达尺寸的密集程度，根据实际情况选择合适的比例；图幅空间利用上本着够用原则，从小到大选择图幅。

3. 辅助选项

（1）【自动更新标注符号的比例】选项。设置完图幅后又进行调整时，勾选此选项，通过单击【选择】按钮，选取新的绘图区域中心及更新比例的图形，将图框内的标注、符号标注的比例自动调整为与图框比例一致。

（2）【移动图框以放置所选图形】选项。勾选后移动图框来适应工程图的绘图区域。

4. 确定参数栏

根据零件结构选择是否加载参数栏。此零件没有需要表达的参数，所以选择不加载。

5. 确定代号栏、附加栏

根据需要选择是否加载代号栏、附加栏。此处保持默认的勾选状态。

6．选择标题栏的种类

软件中提供了六种标题栏样式，可根据需要选择，当没有样式要求时，可以任选其中一种，也可以自行绘制标题栏。

二、确定视图表达方案，绘制视图

零件图的视图选择是指选用一组合适的视图表达出零件的内、外结构及其各形体的相对位置关系，视图表达要求正确、完整、清晰、简练，易于看图。

1．分析零件的功能和形体结构

绘制零件图首先必须认识零件，分析零件的功能和形体结构。零件与制图学习中组合体示例不同，组合体是基本几何体按一定的形式组合起来的简单组合，没有承载功能任务，而零件是根据一定的功能需求设计、制造出来的，要考虑功能和制造。为了满足功能要求和工艺要求，零件在基本几何体组合的基础上添加了若干的局部功能结构和局部工艺结构，在绘制零件图时要综合考虑设计、加工、安装、使用等因素，表达清楚零件的整体结构和局部结构。

本任务中的测绘件是蜗轮传动机构中的底板，它的功能支承、固定蜗杆箱和支架，其主要功能结构有上、下表面，上表面上与支架结合的平面，螺纹通孔，定位锥孔；其非功能结构有为减少材料、节省空间而去掉的三角部分，为减少加工和接触而设计的底面沟槽，还有倒角、倒钝等局部工艺结构，如图 4-2-3 所示。

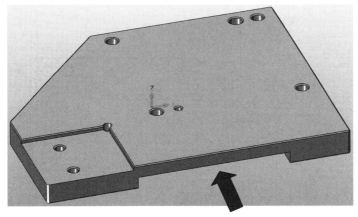

图 4-2-3　底板及主视图方向

2．选择主视图及表达方案

GB/T 17451—1998《技术制图　图样画法　视图》规定："表示物体信息量最多的那个视图应作为主视图，通常是物体的工作位置、加工位置或安装位置。"因此主视图方向的确定原则分为位置原则和信息表达最多原则。

（1）根据位置原则确定主视图的摆放。

① 确定零件的哪些要素处于水平位置，哪个（些）面朝上。

② 回转类零件按轴线水平的加工位置摆放。

③ 非回转类零件如果在空间上是固定的，按照其工作位置摆放；在空间上位置不固定的，按照其安装位置摆放。

（2）根据信息表达最多原则确定主视图投射方向，即选择零件的摆放位置哪个方向朝前。根据上述分析，选择底板的主视图方向为如图 4-2-3 所示的箭头指示方向。

（3）采用阶梯剖，表达底板整体形状的高度、长度和沉孔、销孔等内部结构，如图 4-2-4 所示。

3. 选择其他视图和表达方案

GB/T 17451—1998《技术制图 图样画法 视图》还规定，当需要其他视图（包括剖视图和断面图）时，应按以下原则选取。

① 在表达清楚物体结构的前提下，使视图（包括剖视图和断面图）的数量最少。

② 尽量避免使用虚线表达物体的轮廓及棱线。

③ 避免不必要的细节重复。

④ 在选择视图表达方案时，优先采用基本视图特别是主视图、俯视图、左视图三个基本视图，然后再根据实际情况灵活选用向视图、斜视图等。

根据上述原则，制订底板的视图表达方案，如图 4-2-4 所示。

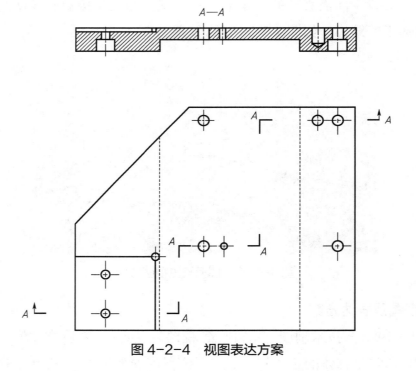

图 4-2-4　视图表达方案

（1）在视图选择上，选择用主视图表达整体结构的高度和长度，用俯视图表达其宽度和上表面的定位凹槽、螺纹通孔、锥孔位置。

（2）在主视图上采用阶梯剖表达出螺纹通孔、锥孔、凹槽深度、凹槽相交面的工艺孔等结构。底板左侧的两个螺纹通孔和另外 4 个螺纹通孔各属于一个关联零件的功能结构组，全剖后各自表达其尺寸和数量。

（3）原则上尽量不采用虚线表达轮廓和棱线，但并非虚线完全不能用。如图 4-2-4 所示，采用了两条虚线辅助表达底槽的前后宽度方向轮廓，可以减少一个视图，虚线没有和其他轮廓线重合，不在虚线上标注尺寸，允许采用。

4．对比选择，分析合理性，确定最优表达方案

对同一零件的视图表达方案会有很多种，在完整、清晰地表达零件形状结构的前提下，只要遵循视图表达原则和基本的图线图样画法，视图表达方案的评价只是优劣对比，而不是孰对孰错。

本着尽量减少图形数量，以方便画图和看图的原则，正确选择主视图，合理选择其他视图和表达方案，对各种方案进行比较选择，确定最优表达方案。

三、分析零件功能，选择基准，进行尺寸标注

在零件图中，标注尺寸应满足以下四条原则：标注尺寸正确，符合国家或行业标准；尺寸完整没有缺漏和重复；尺寸标注清晰方便看图；标注合理，能保证零件的设计要求和使用性能，还要能满足加工、测量和检验等制造工艺要求。

1．合理选择基准

所谓基准，就是用来确定零件形体和工作位置的点、线、面。

从设计基准标注尺寸，能反映零件的设计要求，保证零件在实际工作中的工作性能；没有功能要求、不方便测量的要素，可以从方便加工和测量的角度选择工艺基准进行标注。在标注零件尺寸时，应根据实际情况具体分析，合理选择基准，让零件图的尺寸标注在满足功能的情况下，便于测量、加工和装配。

非回转零件在长、宽、高三个方向（或轴向、径向两方向）都应有一个主要基准，零件在同一方向的尺寸主要由此进行标注，做到基准统一；但是对于非功能结构及不方便测量的结构，还可以添加若干辅助基准。

（1）选择高度方向基准——下表面。

平板类零件的高度基准一般选择上下表面或高度方向的重要的接触面，在实际选择高度基准时应具体根据零件的使用要求和加工工艺做出选择。本例中底板的高度方向基准选择底板的下表面，底部沟槽、底面沉孔、上表面及上表面与支座接触的凹槽底面的高度尺寸都从底面标注，如图 4-2-5 所示。

（2）选择长度方向基准。

① 主要基准：底板上表面凹槽的右侧阶台面。

平板类零件的长度方向基准通常选择中心对称平面、具有定位作用的重要孔（多有配合功能）的中心、两侧面和重要的接触面作为基准，具体选择时应该根据零件的功能需要来选择。

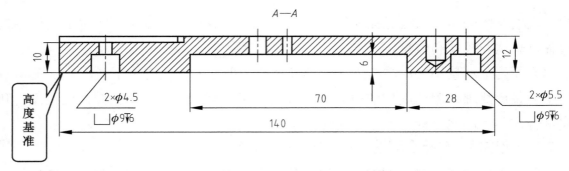

图 4-2-5　高度方向基准选择

（a）底板的主要功能是支承并固定支座与蜗轮箱，在其功能与形体结构上都不需要用到中心对称面，因此其长度方向基准不能选择中心对称面。

（b）支座和蜗轮箱之间的长度尺寸 24mm 是功能尺寸，如果选择两侧面作为长度方向基准间接得到 24mm，必然会造成尺寸链环节加长，累积误差增大，因此也不能选两侧面为长度方向主要基准。

（c）底板上具有定位功能的孔只有销孔（螺纹通孔与螺纹不构成配合，在水平方向上不定位），而销孔是在底板、支座、蜗轮箱主体加工完成后，通过螺纹连接在一起再进行加工的，不能作为底板加工的基准。

（d）底板上表面凹槽的右侧阶台面和支座侧面相接触，是支座长度方向的定位面，选择它作为长度方向的主要基准（长度设计基准）。

② 辅助基准。

没有功能要求的结构，可以不从设计基准标注，而选择便于测量、加工的表面作为辅助基准进行标注，本例中底板在标注长度尺寸时采用的辅助基准有以下几个。

（a）右侧面（相对于去除的三角部分、底部沟槽）。

因为底板去除的三角部分主要是减重、去除多余材料，底面沟槽也是为了减少底面的加工面积，两者都与底板的功能没有关系，因此在其定位上不需要从主要基准标注，因此选择便于测量的底板的右侧面作为长度方向的辅助基准。

（b）底板中间螺纹通孔中心（相对于右侧沉孔及 ϕ3mm 锥销孔）。

为了保证两相连零件的基准统一，确保装配后两零件位置正确，选择以底板中间部位的螺纹通孔中心作为底板右侧沉孔的长度辅助基准。

为了方便加工，基准的数量应该尽量减少，因此两个销孔的长度定位上都选择地板中间的螺纹通孔中心作为长度辅助基准。

（c）底板右上角螺纹通孔中心（相对于 ϕ6mm 锥销孔）。

因为销孔属于配作，以相邻螺纹通孔中心为基准定位其长度更为方便、合理。

（3）选择宽度方向基准。

与长度方向基准选择原则一样，如图 4-2-6 所示。

① 主要基准：底板上表面凹槽的宽度方向阶台面。

② 辅助基准：底板中间部位固定蜗轮箱的螺纹通孔中心。

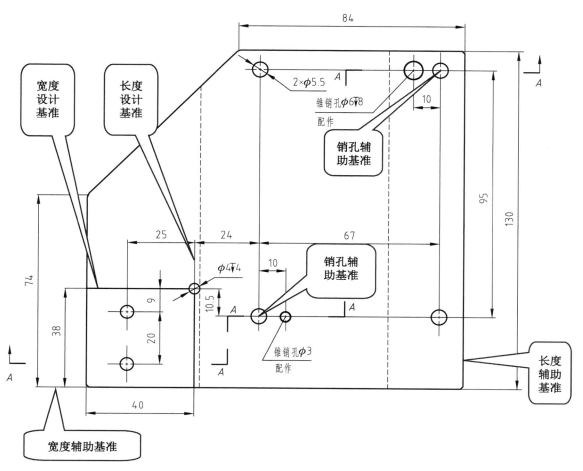

图 4-2-6　长度、宽度方向基准选择

2. 尺寸标注

（1）尺寸标注的总体要求是正确、完整、清晰、合理。

① 正确：所标注的尺寸符合国家标准中的有关规定，即尺寸标注必须满足现行的国家图样标注标准，不能随意自定。现行国家标准中关于尺寸标注方面的有以下四项标准。

GB/T 4458.4—2003《机械制图　尺寸注法》。

GB/T 16675.2—2012《技术制图　简化表示法　第 2 部分：尺寸注法》。

GB/T 15754—1995《技术制图　圆锥的尺寸和公差注法》。

GB/T 19096—2003《技术制图　图样画法　未定义形状边的术语和注法》。

② 完整：所标注的尺寸必须齐全，没有遗漏，能将所要绘制零件的各形体大小和相对位置表达清楚。同时尺寸也不能重复，更不能相互冲突。

③ 清晰：视图表达的基本原则之一就是便于阅读、方便理解，因此尺寸的布局要清晰、醒目，并尽量呈一定规律整齐排列，避免因尺寸布局杂乱引起的理解困难和阅读困难。

④ 合理：尺寸标注要符合设计和工艺要求，便于测量，方便各工序加工。要综合分析零件的功用、使用要求和制造特点，制订合理方案。

（2）功能尺寸应该从设计基准直接标注。

功能尺寸是决定零件使用要求的尺寸，也是零件完全加工完毕后必须保证的尺寸，其目的是保证物体能实现设计的功能。如图 4-2-7 所示，支架上部分的支承孔中心到底板下表面的工作高度，显然该尺寸等于支座支承孔中心到支架底面的距离加上底板与支架底面接触面的距离，因此标注底板与支架接触面的位置时，应以底面为基准直接标注 10mm，而不能以上表面为基准间接标注 2mm。

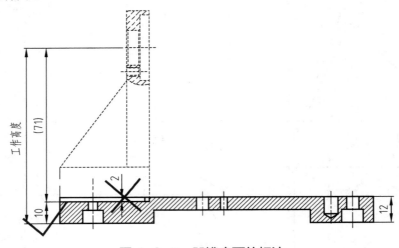

图 4-2-7　凹槽底面的标注

同样，为了保证支架与蜗轮箱在底板上的位置正确，固定支架的螺纹通孔定位尺寸 25mm、9mm 和固定蜗轮箱的螺纹通孔的定位尺寸 24mm、10.5mm 都需要从设计基准直接标注，如图 4-2-6 所示。

38mm、40mm 这两个尺寸是支架与底板的接触尺寸，为功能尺寸，要从主要基准（设计基准）进行标注。

（3）非功能尺寸可以不从主要基准标注，而选择从便于测量、加工的工艺基准进行标注。

① 如图 4-2-6 所示，底板左上角的三角缺失部分是为了节省材料、减重的非功能结构，无需从设计基准标注，可为了方便测量和加工，选择从辅助基准进行标注，此处以底板右侧表面、前侧表面分别为其长度和宽度基准，标注尺寸 84mm、74mm，间接确定三角部分的尺寸和位置。

② 底面沟槽结构是为了减少底面的加工面积的非功能结构，为了方便测量和加工，沟槽的右壁选择底板右侧面为其长度基准，标注定位尺寸 28mm；沟槽左壁如果从左侧面进行标注 98mm，不方便测量，应以左侧槽壁为基准标注尺寸 70mm，如图 4-2-8 所示。

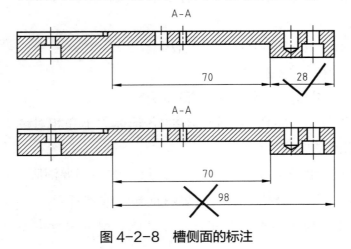

图 4-2-8　槽侧面的标注

四、标注技术要求

零件图的技术要求就是用一些规定的符号、数字、字母和文字标注，说明零件在制造、检验、使用中应达到的一些要求，如尺寸精度（尺寸公差）、几何精度（几何公差）、表面精度（表面粗糙度）等以符号进行标注的技术要求及其他需要用文字描述的技术要求，如图4-2-9所示。

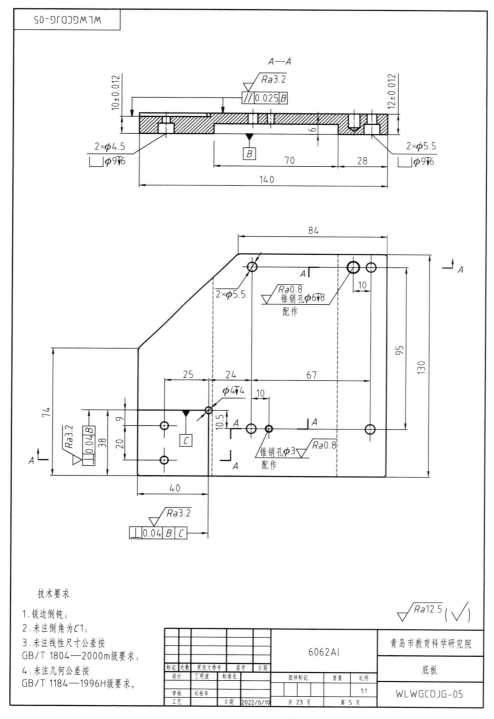

图4-2-9　底板零件图

（一）用符号表达的技术要求

底板在功能上要实现支架、箱体的支承与固定，为了保证其功能实现，需要对影响其功能的部分形体结构的尺寸精度、几何精度和表面粗糙度进行标注。

1. 尺寸精度

底板支承支架和箱体的高度尺寸有较高的精度要求，应标注尺寸精度，如图 4-2-9 所示的 10 ± 0.012mm 和 12 ± 0.012mm。其他一般尺寸的精度要求按 GB/T 1804—2000m 级，在文字性技术要求中统一说明。

2. 几何精度

（1）底板底面作为高度基准，标注平面度对其几何精度加以限定。

（2）为了保证相连两件结合紧密，结合面应该有几何精度要求，如图 4-2-9 中上表面的两处平行度，它们用来约束其与箱体底面的位置关系，同时也约束自身表面的方向精度。

（3）底板上表面用来定位支座的阶台，为了保证其功能实现，其长度方向和宽度方向两个阶台都要与底板底面垂直，同时它们之间也要相互垂直，因此需要如图 4-2-9 所示的两处垂直度标注那样，对其标注以底面为基准的垂直度要求，其中一处垂直度标注为以底面和另一阶台为基准的双基准。

（4）其他表面的几何精度按 GB/T 1184—1996H 级，在文字性技术要求中统一说明。

3. 表面粗糙度

零件的表面粗糙度应该根据其功能要求和加工方法来确定，注意应该综合考虑功能需要和经济性，不可盲目追求高表面粗糙度而忽视加工难度造成成本提高。如图 4-2-9 所示，底板的表面粗糙度（单位为 μm）可以分为以下几个等级。

（1）Ra0.8：锥销孔的加工方式是先钻孔后铰孔，将其表面粗糙度定为 Ra0.8，保证其使用功能，铰孔也能较容易实现此表面粗糙度，保证经济性。

（2）Ra3.2：底板的下表面、上表面以及与支座接触的凹槽底面、两侧面都需要保证接触面积，采用的加工方式为端铣，表面粗糙度定为 Ra3.2 便可以达到使用要求，同时也比较经济。

（3）Ra12.5：其他表面粗糙度不需要单独标注时，一般在标题栏的上方统一标注。

底板、底部沟槽面及倒角、倒钝面等，其表面没有功能要求，在确定其表面粗糙度时主要考虑其加工方式的经济性，而粗铣的表面粗糙度一般为 Ra12.5。

螺纹通孔只是为了螺纹通过，不具有定位功能，其加工方法是钻孔，因此表面粗糙度定为 Ra12.5。

（二）用文字描述的技术要求

有些技术要求不能或者不方便用符号进行表达，可以用文字进行描述：一般包括对毛坯的要求、对材料热处理要求、未注局部工艺结构尺寸（倒角、倒圆、倒钝、脱模斜度和铸造圆角等）、表面处理（防锈措施），未注尺寸公差等级和未注几何公差等级等。

综合考虑底板的材料、加工方式、使用要求等，制订其技术要求，其标注如图 4-2-9 所示。

五、填写标题栏

在标题栏中，要填写的项目如图 4-2-9 所示，包括零件名称、企业（单位）名称、图样名称、图样代号、材料、比例、日期、第几页、共几页等，其中设计、审核、工艺等栏根据实际要求去填写。

任务测评

对任务实施的完成情况进行检查，并将结果填入表 4-2-3。

表 4-2-3　任务测评表

序号	评分内容	评分明细	配分	扣分	得分
1	图幅设置（10 分）	正确设置图幅	10		
2	视图表达方案（15 分）	制订合理的视图表达方案	15		
3	标注尺寸（30 分）	正确、齐全、清晰、合理地标注尺寸	30		
4	技术要求（35 分）	尺寸精度正确、完整	10		
		几何精度正确、完整	10		
		表面粗糙度正确、完整	10		
		文字技术要求合理、完整	5		
5	标题栏（10 分）	填写完整	10		
6	合　计		100		
7	学习体会				

巩固与提高

绘制其他测绘件底板零件图，完成视图表达、尺寸标注，填写技术要求，制订图幅和填写标题栏。

（1）要求图幅合适，比例适中，能清晰、完整、合理的表达零件结构。

（2）正确选择基准，合理标注尺寸。

（3）分析其功能和加工方式，合理标注技术要求。

任务3 绘制蜗轮轴零件图

学习目标

◇ 知识目标

1. 理解轴类零件的视图表达原则和常用技术要求。

2. 理解工艺基准、尺寸基准的选择和尺寸标注要求。

3. 掌握键槽、卡簧槽、螺纹等局部功能结构和工艺槽等常用局部结构的表达与标注。

◇ 能力目标

完成蜗轮轴零件图的绘制。

任务分析

本任务要求完成蜗杆传动机构中蜗轮轴的零件图绘制，如图 4-3-1 所示，并在绘制零件图的过程中理解轴类零件的视图表达原则、尺寸标注和常用技术要求，进一步学习基准的有关概念。

图 4-3-1 蜗轮轴

轴类零件是生产中经常遇到的典型零件，主要用来支承传动零部件，传递扭矩和承受载荷。本任务采用的测绘件——蜗杆轴属于典型的轴类零件，在绘制其零件图时，需要对它的形体进行分析，选择合适的视图表达方案，再结合其功能，合理标注尺寸、添加必要的技术要求、规范填写标题栏。

一、设置图幅

图幅设置如图 4-3-2 所示。

图 4-3-2　图幅设置

（1）在选择图幅时，考虑蜗轮轴长度为 80mm，结构较为简单，选择 A4 图纸。

（2）蜗轮轴的直径最细处为 10mm，有中心孔、卡簧槽、骑缝螺纹等细小结构，采用 1:1 表达时标注空间较为局促，标注困难，所以根据比例优先原则、够用原则，选择 2:1 的比例。

（3）因为轴类结构的视图一般长度方向尺寸较大，高度尺寸较小，如果将图幅纵向放置时，视图摆放及尺寸标注空间较为局促，因此选择图纸横向放置。

（4）其他选项均勾选，减少手动调整工作量。

（5）指定选项：样式选择"GB"；标题栏选择"标题栏-1"；加载附加栏和代号栏。

二、确定视图表达方案

轴类零件的视图表达方案一般是选择用一个主视图来表达其整体形体轮廓，再用若干局部视图和断面图来表达其局部的工艺结构和功能结构。

1. 主视图的摆放位置及投影方向

（1）在蜗轮轴的加工工艺中，车削是主要的加工内容，通常选择车削时轴线水平的加工位置摆放零件。

（2）主视图的投影方向要表达轴的整体结构形状，应将轴线与主视图、俯视图平行放置。

（3）为了方便看图，主视图尽可能按照零件的加工工艺摆放。对于不用掉头加工的零件，选择切断侧在左，不切断侧在右；对于需要掉头加工的轴类零件，一般选择尺寸标注较多的一侧朝右摆放。蜗杆轴需掉头加工，其摆放如图 4-3-3 所示，右侧 9mm、25mm、68mm、95mm 长度尺寸都以右侧端面为基准，符合车削加工时先车削端面，再从右向左车削外圆的加工方式。

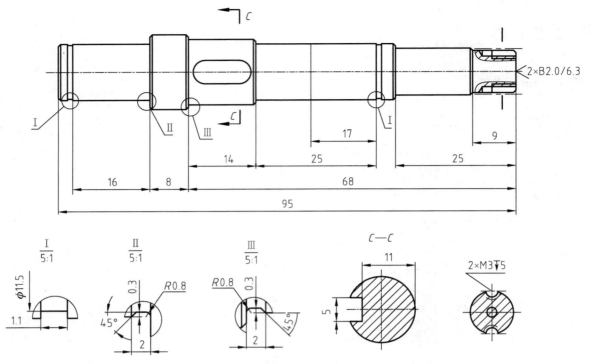

图 4-3-3　蜗轮轴视图表达方案

2．其他局部结构的表达

在蜗杆轴上有砂轮越程槽、键槽、轴用弹性挡圈槽、骑缝螺纹、中心孔等局部功能结构，还有倒角、倒钝和越程槽等局部工艺结构，需要采用合适的方式来表达，如图 4-3-3 所示。

（1）砂轮越程槽：由于越程槽的尺寸较小，在图纸上直接按照 1:1 标注不清晰，选择局部放大图来表达。越程槽的深度是 0.3mm，零件图中轮廓线的宽度是 0.5mm 左右，两条轮廓线的距离一般要大于两倍的线宽才能清晰，选择 5:1 的局部放大图来表达砂轮越程槽。

（2）轴用弹性挡圈槽：与越程槽一样，需采用局部放大图进行表达。

（3）键槽：键槽需要表达槽的宽度、长度和深度。在本任务中选择键槽正面朝前，在主视图上表达出键槽形状和长度、宽度尺寸，通过移出断面图表达键槽的深度，由于断面图非左右对称，且回转中心不与主视图的剖切位置对齐，需要在主视图上标明键槽的剖切位置、名称和投影方向，并在断面图上标注名称。

（4）中心孔：中心孔是为了确定零件回转中心而添加的工艺孔，其主要作用是作为工件加工时的定位基准，同时在工件加工时借助顶尖承受工件。

GB/T 145—2001《中心孔》中规定标准中心孔可以不画出详细结构，在零件端面上绘制其对应符号并进行标记即可；在不引起误解的情况下，中心孔可以采用简化标记，省略中心孔标准编号。

中心孔按照其形状可以分为 A 型、B 型、C 型和 R 型四种；根据在工件制造完成后中心孔的保留情况又分为必须保留，不能保留和允许保留三种情况，在 GB/T 145—2001 中有明确的画法规定。

本例中蜗杆轴在加工（车削外圆、磨削外圆）检测等时候的需要反复使用中心孔，根据其功能要求选择 B 型中心孔，加工后保留；再根据蜗轮轴的直径和重量，查表确定其规格，标注如图 4-3-3 所示。

（5）骑缝螺纹：采用局部剖和移出断面进行表达。在断面图中牙底圆不能画成完整的圆弧，应断开一部分，只有一端与所在轴径的外圆轮廓相交，如图 4-3-4 所示。

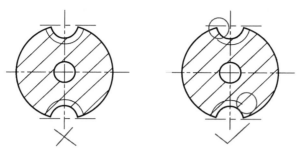

图 4-3-4　骑缝螺纹孔的画法

（6）倒角：为了保证两配合件之间装配方便或者两接触件之间的结合面充分接触，需要对配合面或接触面倒角，标注其倒角尺寸；当相同倒角尺寸较多时，可以在技术要求中加以说明。

（7）倒钝：倒钝是指工件加工完成后对棱角和棱边等尖锐处进行钝化处理，使之平滑，防止划伤人或物。倒钝一般在文字性技术要求中统一注明，无需指明尺寸。

注：倒角与倒钝不同，倒角一般是在机器上借助车刀、铣刀或专用倒角刀等切削刀具在工件上加工出斜面；而倒钝是采用倒角刀、锉刀等机动或手动方式将工件切削加工后的尖锐处去除掉，可以与倒角同一工序完成，也可以在工件切削加工完成后再进行，所以在技术要求上一般应该分开注明哪些部位倒角，其余位置标注倒钝。

三、标注尺寸

1. 确定基准

轴类零件的设计基准选取分为径向基准和轴向基准两个方向。

（1）径向基准的选择。

轴类零件一般选择其轴线作为径向设计基准。蜗轮轴两端 $\phi 12\,mm$ 外圆分别与轴承配合，两者共同支承轴及轴上零件，根据蜗杆轴的功能要求，应选择这两处直径的公共轴线作为径向基准。

在实际加工中，作为公共基准的两段外圆必须保证较高的同轴度。轴类零件一般需要在端面钻出中心孔，作为轴套类零件整体结构加工的定位基准，由于锥面配合可以做到无间隙，在生产中常以中心孔定位视为设计基准与工艺基准重合。

轴套类零件的键槽、沉孔等局部工艺结构的径向基准一般选择外圆，不采用中心基准（以轴线为基准），即选择其所在轴段外轮廓的素线为径向基准。

（2）轴向基准。

① 选择设计基准。

设计基准是在设计零件时所采用的基准，它用以确定零件的形状和位置，是标注设计尺寸的起点，它决定零件的功能。轴类零件一般从与其他零件相接触的轴肩、轴环的阶台环面、端面、较大的或加工要求较高的平面中选取一个作为轴向的工艺基准，用以确定各部分形体结构的轴向位置，将决定零件功能的位置尺寸从设计基准直接标注出，保证零件的设计功能和使用功能。

② 根据需要选择工艺基准。

工艺基准是在零件生产、检测和装配等工艺过程中所使用的基准。为了方便加工和测量，在加工中通常选择一个或几个工艺基准，将位置要求不高的尺寸从工艺基准引出标注。在实际生产中，轴套类零件一般选择端面为工艺基准，方便加工和测量。

如图 4-3-5 所示，本零件选择与蜗轮接触的轴肩为轴向设计基准，选择右侧端面作为主要的工艺基准。

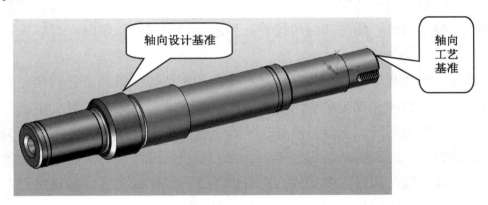

图 4-3-5　蜗轮轴基准选择

2. 标注主要形体结构的尺寸

（1）以轴线为基准，标注径向尺寸。

① 标注各段外圆的直径，有配合要求的轴段添加尺寸公差。

② 基本尺寸相同但是尺寸精度要求不同的轴段，应分别标注其直径，如图 4-3-6 所示轴中间部分的 ϕ12mm 轴段分别被轴套和轴承包容，基本尺寸相同但两者的功能和加工要求不同，需要在两者中间用细实线分开，分别标注其径向尺寸。

③ 轴套类的径向尺寸一般标注在主视图上，但当所要标注的轴段表面形体不完整、标注困难，也可标注在其他视图上，如图 4-3-6 所示，右侧轴端面有骑缝螺纹，在主视图上标注困难，允许将直径标注在断面图 C—C 上。

④ 两 ϕ12mm 轴段上都有轴用弹性挡圈槽，槽两侧的基本尺寸相同但尺寸精度不同，槽内侧直径与轴承内圈孔过盈配合，其尺寸公差为正，而槽外侧直径没有配合要求，为了便于拆卸轴承应将其加工成负公差，应分别标注。

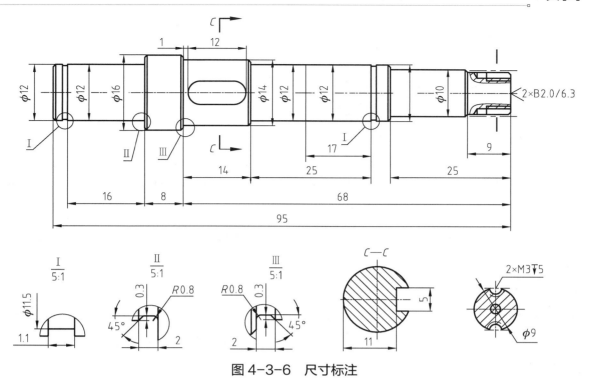

图 4-3-6　尺寸标注

（2）标注主要形体结构的轴向尺寸。

① 功能尺寸直接从设计基准进行标注。如图 4-3-6 所示，尺寸 8mm 控制对轴承轴向固定轴承 $\phi16$ mm 轴段左侧轴肩的位置，从设计基准（与蜗轮相接触的轴肩）直接进行标注，避免间接标注造成累积加工误差影响其定位功能。

② 工艺基准与设计基准之间应直接标注其联系尺寸。如图 4-3-6 所示，尺寸 68mm 便是从设计基准标注右侧端面的工艺基准的位置，减少基准不重合误差。

③ 有功能要求的设计尺寸应直接标注。如图 4-3-6 所示，尺寸 14mm、9mm 分别被蜗轮与凸轮所包容，其轴向长度尺寸是影响两者配合面积的功能尺寸，尺寸 16mm 和 25mm 是决定轴承位置的功能尺寸，尺寸 17mm 是为了保证与轴承配合宽度足够（不小于轴承宽度），都应直接标注。

④ 非功能尺寸允许不从设计基准标注。如图 4-3-6 所示，尺寸 25mm 因为 $\phi10$ mm 外圆没有配合要求，其左侧阶台不与其他零件接触，因此它是非功能尺寸，要求较低，可以从右侧端面的工艺基准标注，方便加工和测量。

⑤ 尺寸标注不能形成闭环，应选择在精度要求较低的结构处开环，将加工余量留在开环处。如图 4-3-6 所示，开环部位有：总长 95mm 与长度尺寸（16+8+68）mm 的剩余部分、尺寸 68mm 与尺寸（14+25+25）mm 的剩余部分、尺寸 25mm 与 17mm 的剩余部分和尺寸 25mm 与 9mm 的剩余部分。

⑥ 长度方向尺寸应排列整齐，层次明确，逻辑清晰，便于看图。

3. 标注局部结构尺寸

（1）选择基准，标注定位尺寸。

① 轴用弹性挡圈槽：弹性挡圈槽的功能是将轴承限制在其所在轴段的槽和轴肩之间，因此轴用弹性挡圈槽的定位基准是其所在轴段的轴肩，如图4-3-6所示，尺寸16mm和尺寸25mm便是以轴肩为辅助基准的定位尺寸。

② 键槽：键槽的功能是轴向固定与键槽所在轴段相配合的轴上零件，所固定零件在轴向是以与此段外圆相邻的轴肩为定位，为了基准统一，键槽也应以所在轴段的轴肩为定位基准标注其定位尺寸，如图4-3-6所示，键槽的定位尺寸1mm。

③ 骑缝螺纹：骑缝螺纹的功能是将两个配合件装配后在其端面接缝处钻孔、攻丝，拧上螺钉将两者固定，以端面为定位基准，无需定位尺寸。

④ 越程槽（砂轮越程槽）、倒角等局部工艺结构。

越程槽的功能是将需要磨削的外圆与阶台相交处去除一部分材料，砂轮磨削到阶台处能避让砂轮，保证外圆直径尺寸不受影响。越程槽的定位基准为其所在的阶台，无需定位尺寸。

同样，倒角附着在各自要倒角的棱边上，也无需定位尺寸。

（2）标注局部结构的定形尺寸。

① 键槽、越程槽、弹性挡圈槽等结构已经标准化，应根据规格和类型查表确定其尺寸。

② 当局部结构的尺寸较小时，应采用局部放大图来表达。局部放大图中标注的尺寸是放大之前的原尺寸。如图4-3-6所示，图Ⅰ、Ⅱ、Ⅲ所示的轴用弹性挡圈槽和越程槽的标注。

③ 键槽的径向工序基准是外圆，标注键槽的槽底位置时应以外圆为基准。如图4-3-7所示的标注，（a）图中尺寸4mm以键槽所在轴段的轴线为基准，违背基准统一原则；（b）图中尺寸3mm虽然是以外圆为基准，但基准位置选择在非实体处，不便于测量；（c）图中标注尺寸11mm，其标注方式符合基准统一原则，便于测量，最为合理。

④ 相同的局部结构应统一标注，一般在形体尺寸（特征尺寸）前标注数量，如图4-3-6所示螺纹孔的标注。

⑤ 中心孔。国标规定中心孔在图中不用画出，可以符号和标注代号在图中表示，如图4-3-6所示右侧标注的"2×B2.0/6.3"表达了中心孔的数量、型号、小径和大径。

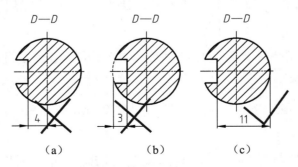

图4-3-7 键槽径向尺寸的标注

四、添加技术要求

1. 添加尺寸精度

手绘零件图时为了减少更改的工作量，通常先标注尺寸再标注精度；使用软件绘图时更改方便，此必要性大为降低，当已经明确尺寸精度，或者在任务书、说明书等资料明确给出的情况下，可将尺寸标注与尺寸精度添加同时完成。

（1）添加径向尺寸精度，如图 4-3-8 所示。

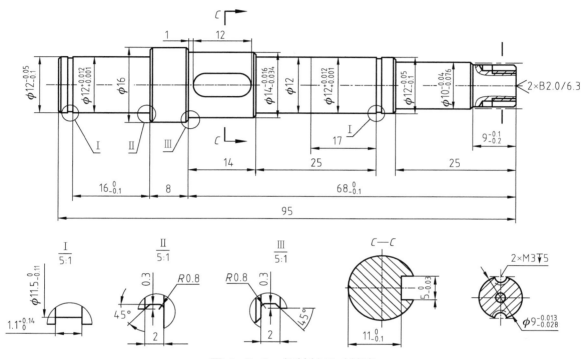

图 4-3-8　蜗轮轴尺寸精度

① 被支承部位（轴颈）轴用弹性挡圈槽两侧的基本尺寸相同，但尺寸精度不同，槽内侧与轴承配合，添加了过盈公差 $\phi 12^{+0.012}_{+0.001}$ mm；槽外侧的直径主要考虑方便轴承拆卸，同时又不能过于削弱轴用弹性挡圈槽的深度，添加了精度要求较低（9 级精度）的减公差 $\phi 12^{-0.05}_{-0.1}$ mm。

② 支承零件部位根据与支承零件的配合关系添加尺寸公差，如图 4-3-8 所示与蜗轮、凸轮和油封相配合处的直径公差。

（2）添加轴向尺寸精度。

分析蜗轮轴的功能，在其长度方向位置要求较高处标注尺寸精度，如图 4-3-7 所示的 $16^{0}_{-0.1}$ mm、$9^{-0.1}_{-0.2}$ mm 和 $68^{0}_{-0.1}$ mm。

（3）标注局部结构的尺寸精度，如图 4-3-8 所示。

① 轴用弹性挡圈是标准件，弹性挡圈及弹性挡圈槽的形状和尺寸已经标注化、系列化，应查表后根据国标标注其宽度和槽底直径的尺寸精度。

② 键槽键是标准件，键和键槽的规格尺寸已经标准化、系列化，应根据其所在的轴径和

配合要求查表确定其宽度尺寸精度、槽深尺寸精度。

2. 添加几何精度

几何精度的标注如图 4-3-9 所示。

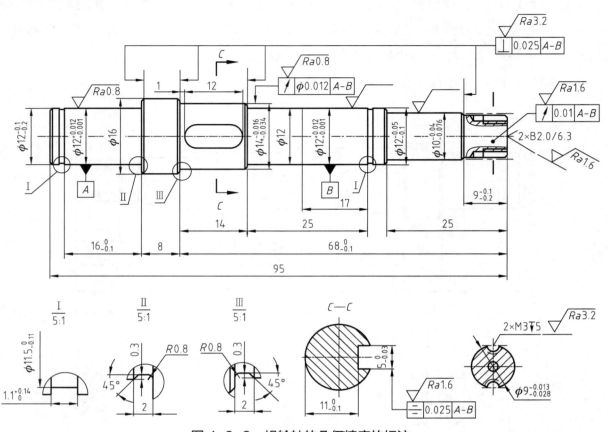

图 4-3-9 蜗轮轴的几何精度的标注

（1）分析功能，找出需标注几何精度的地方。

（2）分析功能要求，选择几何精度项目及等级。

（3）依次标注几何精度，如图 4-3-9 所示。

① 以轴颈公共轴线为基准，约束蜗轮、凸轮配合轴段的圆跳动。

② 以轴颈公共轴线为基准，约束四处定位阶台的垂直度。

③ 以轴颈公共轴线为基准，约束键槽的对称度。

3. 表面粗糙度

按照功能要求和加工方法，分析各形体的表面，从高到低依次标注表面粗糙度，如图 4-3-9 所示。

（1）两处轴颈、支承蜗轮处轴段外圆，要求有较高的尺寸精度和几何精度，其加工工艺为磨削，表面粗糙度为 $Ra0.8\mu m$。

（2）与密封环配合的轴段外圆、与凸轮配合的轴段外圆、中心孔、键槽两侧面，表面粗糙度为 $Ra1.6\mu m$。

（3）有轴向定位要求的阶台面、三角螺纹的两侧面，表面粗糙度为 $Ra3.2\mu m$。

（4）其他表面标注精度要求较低、比较经济的表面粗糙度 $Ra6.3\mu m$，在标题栏的右上方统一标注。

4. 文字技术要求

不能用符号表达的技术要求，可以用文字进行描述，放置在不影响视图表达的空白处，一般靠近标题栏。

（1）热处理要求。

蜗轮轴承受交变应力，强度要求较高，材料为 45 钢，需调质处理。

（2）未注倒角。

相同尺寸的倒角较多，可在文字性技术要求中统一注明。如果视图中倒角已全部标注，这一条应去掉。

（3）锐角倒钝就是在零件切削加工完成后，将加工形成的毛刺和锋利的棱角去除掉。倒钝是在包括倒角等所有工序完成之后，用机加工或手加工的方式进行的，通常置于未注倒角之后。

（4）未注线性尺寸公差。

规定未注线性尺寸公差按 GB/T 1804—2000m 级加工。

（5）未注几何公差。

规定零件的未注几何公差按 GB/T 1184—1996H 级加工。

五、填写标题栏

标题栏的填写有其明确要求，应规范填写，不能随意添加内容，也不能遗漏项目。标题栏的填写在可以标题栏【属性高级编辑】对话框中集中填写，如图 4-3-10 所示。

应根据要求选择标题栏的种类，再根据需要填写标题栏的项目，本例中要填写的内容有：企业名称、图样名称、图样代号、材料标记、比例、共几页、第几页、日期、设计、审核等，如图 4-3-10 所示。

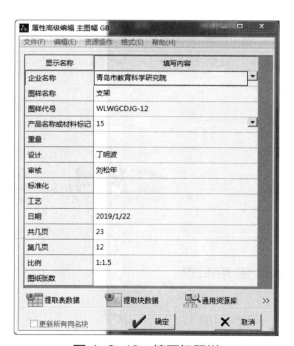

图 4-3-10　填写标题栏

任务测评

对任务实施的完成情况进行检查，并将结果填入表 4-3-1。

表 4-3-1　任务测评表

序号	项目	评分细则	配分	扣分	得分
1	图幅设置（5分）	正确设置图幅	5		
2	视图表达方案（30分）	制订合理的视图表达方案	30		
3	标注尺寸（35分）	正确、齐全、清晰	20		
		尺寸公差正确、完整	15		
4	几何公差（10分）	正确、完整	10		
5	表面粗糙度（10分）	正确、完整	10		
6	技术要求（5分）	相关技术要求合理、齐全	5		
7	标题栏（5分）	填写完整	5		
6	合　计		100		
9	学习体会				

巩固与提高

绘制蜗杆传动机构蜗杆轴零件图，完成视图表达、尺寸标注，填写技术要求，填写图幅，制订和填写标题栏。

（1）图幅合适，比例适中，能清晰、完整、合理的表达零件结构。

（2）分析轴的工作要求和加工要求，合理确定其几何公差、表面粗糙度、热处理等技术要求。

任务 4　绘制下通盖零件图

学习目标

◇ 知识目标

1. 理解端盖类零件的视图表达原则和常用技术要求。

2. 理解零件的功能与尺寸精度、几何精度及表面粗糙度等技术要求的关系。

3. 掌握几何公差的选择和标注要求。

◇ 能力目标

完成下通盖的二维零件图绘制。

任务分析

盘盖类零件的基本形体一般为回转体，径向尺寸远大于其轴向尺寸，可以细分为法兰、齿轮等盘类零件和各种端盖零件。本任务要求完成绘制如图 4-4-1 所示的下通盖，并在绘制零件图的过程中理解零件功能与技术要求之间的关系，掌握标注几何公差的方法和步骤。

图 4-4-1　下通盖

本任务采用的测绘件——下通盖是典型的端盖类零件，有直径变化的内外圆柱表面，均布的螺纹通孔。本任务是完成下通盖的零件图绘制，在零件图上表达出它的工作位置、功能原理和形体特征，并在绘制过程中理解端盖类零件的视图表达原则、标注尺寸及技术要求的注意事项。

任务实施

一、设置图幅

图幅设置如图 4-4-2 所示。

（1）下通盖长度为 11mm，直径为 42mm，结构较简单，A4 图纸能够放置，本着节省原则，选用最小的 A4 图纸。

（2）下通盖的长度较短，尺寸比较密集，用 1:1 的比例表达时标注不清晰，尺寸标注不方便，采用 2:1 的放大绘图比例。

（3）下通盖需要用两个视图表达，A4 的图幅纵向放置视图摆放时空间较局促，尺寸标注和添加技术要求困难，选择图幅横向放置。

（4）【自动更新标注符号的比例】选项和【移动图框放置所选图形】选项保持默认的勾选

状态。

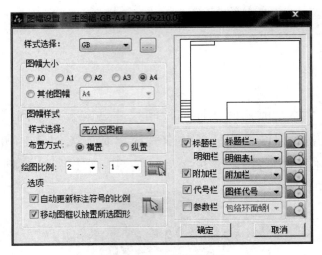

图 4-4-2　图幅设置

（5）指定选项：标注样式选择 GB；勾选标题栏-1。

（6）下通盖的绘制不需要参数，不勾选参数栏。

（7）附加栏、代号栏是为了便于纸质图纸的查找和管理，这里保持默认的勾选状态。

二、确定视图表达方案

端盖类零件的视图表达方案一般选择用一个剖开的主视图来表达其内外形体轮廓，再用左视图或右视图、向视图等表达螺纹通孔的分布；如果其凸缘上没有分布孔，应视为套类零件，只用一个视图表达即可。

1. 确定主视图的摆放位置及投影方向

（1）摆放位置。下通盖是回转体，其主体结构的加工工艺是车削，因此主视图应按照其车削时轴线水平的位置摆放。

（2）投射方向。主视图应表达出零件形体特征，而下通盖的内外表面都是要予以表达的主要结构，因此将下通盖的轴线平行于 V 面并剖开表达，其为投影方向，如图 4-4-3 所示。

2. 确定其他视图

在主视图没有表达清楚的结构需要在其他视图中予以表达。在主视图中螺纹通孔圆周方向的定位分布情况没表达清楚，需采用左视图予以表达这部分内容，如图 4-4-3 所示。

3. 对比选择，确定最合理的表达方案

按照前面分析的主视图摆放位置和投影方向，确定出如图 4-4-3 所示的两种表达方案，理论上这两种方案都满足视图表达要求，但是这两种方案还有所不同：按照通常的加工工艺，端盖是在车床上加工的，车削的最后工序是大端装夹，小端为最后车削部分，即小端向右（对操作者而言，向着床尾方向），为了看图方便，选择图 4-4-3（b）所示的表达方案更为合理。

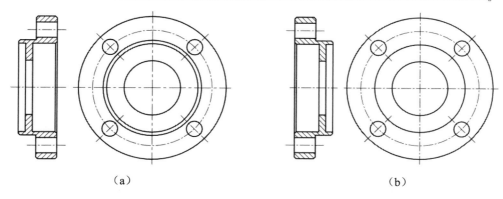

（a） （b）

图 4-4-3 视图表达

三、标注尺寸及添加技术要求

1. 确定基准

（1）确定径向基准。

在零件加工中为了保证加工表面的相对位置精度，保证其使用功能，应选择零件的设计基准与定位基准重合，避免基准不重合产生的位置误差。回转类零件一般在车床上加工，其定位基准就是零件的回转中心，选择被加工面的轴线作为为径向设计基准标注直径尺寸，符合基准重合原则。

（2）确定轴向基准。

① 主要基准。

在选择基准时，要考虑其功能实现。下通盖小端的端面实现轴承的轴向固定，将其定为轴向的设计基准，如图 4-4-4 所示。

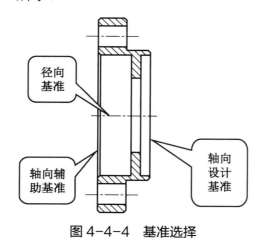

图 4-4-4 基准选择

② 辅助基准。

大端内孔的长度如果也以小端端面作为基准，不方便测量，因此将大端端面作为轴向辅助基准。

2. 标注尺寸

（1）标注径向尺寸及尺寸精度。

当功能明确、配合关系清晰时，尺寸和尺寸精度可以同时标注，如图 4-4-5 所示。

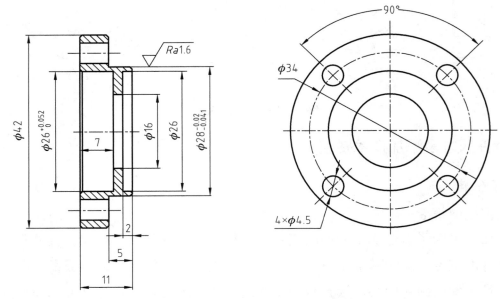

图 4-4-5　尺寸及尺寸精度标注

① 按照里小外大的顺序依次标注径向尺寸。

下通盖的径向尺寸标注按照尺寸由小到大，位置由里到外的顺序依次标注，避免尺寸界线与尺寸线交叉。

注：尺寸界线允许交叉，尺寸线则应尽量避免被穿越；当因标注需要尺寸界线必须穿越尺寸线时，应避过尺寸数字或断开尺寸界线。

② 具有同心结构的直径尺寸标注在非圆视图上。

下通盖中心的三段阶台内孔，各段外圆是同心结构，其各自的直径尺寸都标注在主视图上。

③ 同一形体结构的尺寸集中标注。

下通盖中螺纹通孔的角度定位尺寸 90° 只能标注在左视图上，为了集中标注，其径向定位尺寸 ϕ34mm、定形尺寸 ϕ4.5mm 也集中标注在左视图上。

注："90°"说明了的螺纹通孔的工作位置，如果将螺纹通孔放置在象限坐标上，可以不用标注角度；为了更好的表达该零件的工作位置、使用功能，利用 90° 说明两个螺纹通孔关于中心对称更能明确其工作位置。也可以不标注 90° 角，标注半角 45° 后再用 "EQS" 说明其均匀分布情况。

④ 相同要素的形体结构应统一标注。

下通盖中的 4 个螺纹通孔结构相同，在左视图上标注 "4×ϕ4.5"，将螺纹通孔的数量和定形尺寸集中标注，避免重复。

⑤ 尽量减少穿越视图轮廓线。

合理选取尺寸位置，避免穿越视图形体轮廓，如 ϕ28mm 外圆、两 ϕ26mm 内孔向各自所在侧的外侧标注，避免其尺寸界线在视图形体轮廓中的穿越。

⑥ 添加径向尺寸公差。

下通盖有配合关系的表面有两处：ϕ28mm 外圆（与蜗轮箱体配合），ϕ26mm 内孔（与密封圈配合）。为了保证这两处地方的配合关系，应添加尺寸精度，其标注情况如图 4-4-5 所示。

（2）标注轴向尺寸及尺寸精度。

轴向尺寸标注情况如图 4-4-5 所示。

① 尺寸标注应符合基准统一原则。

下通盖小端的端面为长度主要基准，以其为基准统一标注 ϕ26mm 内孔的长度 2mm、ϕ28mm 外圆的长度 5mm，以及下通盖的总体长度 11mm，减少定位次数，节省工时。

② 尺寸标注应便于测量。

如果以零件小端的端面为基准测量 ϕ26mm 内孔，测量困难，应以大端的端面为工艺基准，标注其深度 7mm。

③ 合理选择开环位置，保证精度，避免闭环。

如图 4-4-5 所示，ϕ16mm 内孔没有功能要求，以它的长度作为三段阶梯孔长度的开环尺寸；左侧阶台长度 5mm 是固定轴承的功能尺寸，而右侧凸缘长度方向没有功能要求，选择右侧凸缘长度为外圆总长的开环尺寸。

（3）标注倒角。

为了去除加工中产生的毛刺，并便于装配，一般将零件的端面加工成较小的锥面，这些小锥面称为倒角。倒角的尺寸根据所在直径的大小和装配要求选择合适的尺寸，标注在零件图中；当尺寸相同的倒角较多时，可以将其统一在技术要求中用文字说明。下通盖中各处倒角都是 C0.5，用文字性技术要求统一说明即可。

3. 添加几何精度要求

几何精度指零部件的实际几何形体与理想几何形体相符合的程度，它从形状、位置方面约束零件，保证其功能的实现。

下通盖几何精度的标注如图 4-4-6 所示。

（1）分析下通盖的功能和形体结构，确定需要标注几何精度的地方。

① 此零件小端的端面有固定轴承的功能要求，为了实现小端的端面与轴承贴合，应添加相对于 ϕ28mm 外圆轴线的垂直度要求。

注：GB/T1184—1996 中 H 级规定，未注垂直度的公差值是 0.2mm，此数值足以影响轴承的游隙，因此应添加精度较高的垂直度公差，约束其端面形状，保证与轴承的均匀接触。

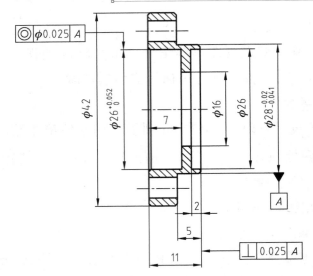

图 4-4-6　几何公差

② $\phi26$mm 内孔的功能是包容、支承密封环，为了保证密封环与蜗杆轴均匀接触，应该添加以小端的外圆直径轴线为基准的同轴度要求。

注：GB/T 1184—1996 中关于同轴度的未注公差值没有规定，在生产中其公差值可以参照径向圆跳动的未注位置公差值。H 级的圆跳动未注位置公差值为 0.1mm，不能满足密封圈的使用要求，应对 $\phi26$mm 孔添加更高的同轴度公差要求。

（2）利用软件自带的【形位公差】对话框，完成垂直度标注，其操作步骤如图 4-4-7 所示。（注：国标中，已经将形位公差更名为几何公差。）

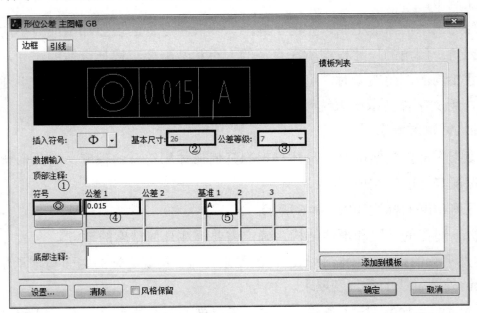

图 4-4-7　【形位公差】对话框

① 选择几何公差项目。

单击如图 4-4-7 所示的方框区域①，从弹出的几何公差项目中选择同轴度。

② 填写基本尺寸。

几何公差的基本尺寸指被测面的尺寸。软件给出的基本尺寸默认为"100"，应根据实际被测要素更改基本尺寸，在如图 4-4-7 所示方框区域②处，根据此零件的被测轴段的直径 $\phi 26\text{mm}$，改填基本尺寸为"26"。

③ 确定几何公差等级。

几何公差等级应选择与基准尺寸（被测尺寸）精度等级相等。同轴度的基准为 $\phi 26\text{mm}$ 孔，其尺寸公差精度等级为 7 级，故在公差等级栏选项处选择其几何公差精度等级为 7 级。

④ 自动生成几何精度值。

完成上面操作后，软件自动得出其几何精度数值为 0.025mm，如图 4-4-7 中所示的④号标记。

注：在已知公差值的情况下允许省略②、③的两步操作，直接填写。

⑤ 填写基准要素。

零件小端的端面的垂直度以 $\phi 28\text{mm}$ 外圆的轴线为基准，根据对其命名的基准名称，填写基准字母"A"。

（3）同轴度的标注过程与垂直度的标注过程相同。

① 选择几何公差项目为同轴度。

② 根据被测孔的尺寸填写被测要素基本尺寸"26"。

③ 根据被测要素 $\phi 26\text{mm}$ 内孔的尺寸公差为 7 级，确定并选择精度等级为 7 级。

④ 系统自动得出其公差值 $\phi 0.025\,\text{mm}$。

注：同轴度的公差是被测轴线相对于基准轴线的变动量，其变动范围是以基准轴线为轴线、以公差值为直径的圆柱，在标注其公差尺寸时应在数值前面加 ϕ。

⑤ 填写基准字母，完成同轴度标注。

4. 添加表面粗糙度

零件的表面粗糙度应根据其功能和加工方法，按照表面粗糙度由高到低的顺序进行标注。

下通盖的表面粗糙度标注如图 4-4-8 所示。

（1）标注重要表面的表面粗糙度。

① 标注与其他零件相配合面的表面粗糙度。

（a） $\phi 28\text{mm}$ 外圆与箱体配合，表面粗糙度要求较高，需单独标注。

（b） $\phi 26\text{mm}$ 内孔与密封圈配合，表面粗糙度较高，需单独标注。

② 标注接触面（两零件之间接触但不是配合关系）的表面粗糙度。

（a） $\phi 28\text{mm}$ 外圆端面与轴承接触，表面粗糙度要求较高，需单独标注。

（b）左侧 $\phi 26\text{mm}$ 内孔的阶台与密封圈端面接触，表面粗糙度较高，需单独标注。

（c） $\phi 42\text{mm}$ 外圆右侧阶台与垫片接触，表面粗糙度要求较高，需单独标注。

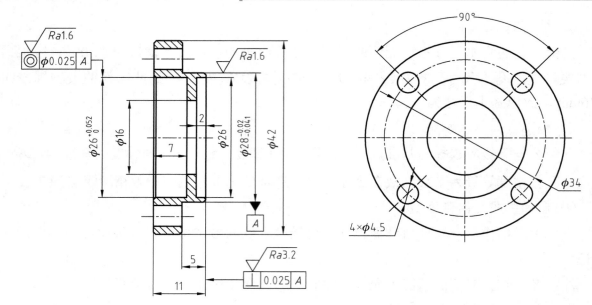

图 4-4-8　表面粗糙度

（2）标注其他表面。

对于没有功能要求的一般表面，为降低成本，其表面粗糙度应考虑工艺特点和经济成本。

① 下通盖的主要形体采用车削加工，ϕ42mm 外圆的外表面、大端的端面等定为粗车的一般粗糙度 Ra12.5μm。

② 螺纹通孔的加工方式为钻削，形成的表面粗糙度为 Ra12.5μm。

③ 各种倒角、倒钝等局部工艺结构，表面粗糙度 Ra12.5μm 就能满足其要求。

④ 将相同表面粗糙度最多的一种，统一标注在标题栏的上方。

5. 用文字注明的技术要求

不能用符号表达的技术要求，用文字注明在图纸的空白处，一般应靠近标题栏，如图 4-4-9 所示。

（1）相同尺寸的未注倒角较多，统一标注其尺寸。

（2）为了防止零件伤手，其将其表面的锋利锐角钝化。也可标注锐角去毛刺，意义相同。

（3）规定精度要求不高的一般尺寸公差按 GB/T 1804—2000 m 级加工。

（4）规定未注明的要素几何公差按 GB/T 1184—1996H 级要求加工。

四、填写标题栏

标题栏的填写如图 4-4-9 所示。

（1）根据要求，选择标题栏的种类。

（2）根据要求，填写标题栏。

标题栏中一般填写的内容有：企业名称、图样名称、图样代号、图样标记、比例、共几页、第几页、日期等。

本例中还填写了此零件的设计者、审核者，具体应根据需要去选择填写栏目。

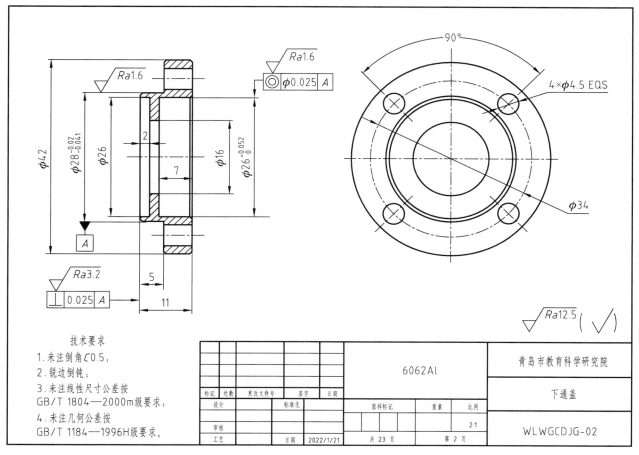

图 4-4-9　下通盖零件图

 任务测评

对任务实施的完成情况进行检查，并将结果填入表 4-4-1。

表 4-4-1　任务测评表

序号	评分内容	评分明细	配分	扣分	得分
1	图幅设置（5 分）	正确设置图幅	5		
2	视图表达方案（25 分）	制订合理的视图表达方案	25		
3	标注尺寸（40 分）	正确、齐全、清晰	20		
		尺寸公差正确、完整	20		
4	几何公差（10 分）	正确、完整	10		
5	表面粗糙度（10 分）	正确、完整	10		
6	技术要求（5 分）	相关技术要求合理、齐全。	5		
7	标题栏（5 分）	填写完整	5		
8	合　　计		100		
9	学习体会				

绘制蜗杆传动机构上通盖零件图，完成视图表达、尺寸标注，填写技术要求，填写图幅，制订和填写标题栏。

（1）要求图幅合适，比例适中，能清晰、完整、合理的表达零件结构。

（2）分析蜗杆轴的工作要求和加工要求，合理确定其几何公差、表面粗糙度、热处理等技术要求。

任务5　绘制支架零件图

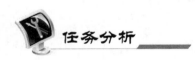

◇ 知识目标

1. 了解焊缝的标注。

2. 理解支架类零件的视图表达原则和常用技术要求。

3. 理解相关联零件的基准统一原则。

◇ 能力目标

完成支架的零件图绘制。

任务分析

完成如图 4-5-1 所示的支架零件图的绘制。合理选择视图表达方案，以反映其形体特征，根据支架的功能添加必要的技术要求，根据相关联零件的基准统一原则选择其水平方向基准，合理标注尺寸，完成对焊缝的标注。

图 4-5-1　支架

　　叉架类零件包括叉类零件和支架类零件，前者是用来操纵、控制其他可移动零件，常见的有连杆、拨叉、摇杆等零件；后者主要用来支承、连接其他零件，如支承轴承的轴承座等，本任务所采用的测绘件支架就属于典型的支架类零件。

　　支架的底部与底板固定，其立板上部的孔用来支承缸体。在绘制其零件图时，需要选择合理的视图表达方案表达出支架的形体特征，结合合理的标注和技术要求，体现其固定和支承的功能。在完成支架零件图绘制的过程中，了解焊缝的标注，理解支架类零件的视图表达原则、所添加的技术要求的意义和相关联零件的基准统一原则的应用。

任务实施

一、设置图幅

图幅设置如图 4-5-2 所示。

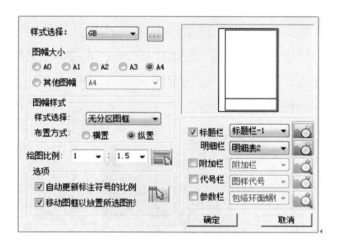

图 4-5-2　图幅设置

（1）保持默认勾选状态的选项。

① 标注样式选择保持默认的"GB"。

② 图幅样式选择保持默认的"无分区图框"。

③ 【自动更新标注符号的比例】选项保持默认的勾选状态。

④ 【移动图框放置所选图形】选项保持默认的勾选状态。

（2）保持参数栏的默认不勾选状态

（3）根据需要选择取消勾选的默认选项，如本例中去掉附加栏、代号栏的默认勾选状态，简化图纸结构。

（4）需选择的选项。

① 图幅大小，选择 A4。

② 布置方式，选择纵置。

③ 选择图纸比例为 1:1.5。

注：机械制图国家标准 GB/T 14690—1993《技术制图 比例》中规定了比例的选用原则，同时规定在必要时也可采用第二系列。由于受图幅尺寸大小所限，无法放置 1:1 的支架零件图；采用第一系列中 1:2 的缩小比例制图时，支架零件图中的很多细小结构表达不清晰，有必要采用第二系列中 1:1.5 的比例来表达支架。

④ 选择标题栏样式为标题栏-1。

⑤ 选择明细栏样式为明细表 2。

二、确定视图表达方案

零件图与组合体的主要区别是零件图要表达形体组合所要实现的功能，而组合体的视图就是基本形体组合的形状，没有摆放、方向要求。叉架类零件的结构比较复杂，一般有支承部分、连接部分和固定部分组成，在确定表达方案时，应采用形体分析法，结合其功能和使用组成，综合分析，合理制订。

本测绘件的结构和功能如图 4-5-3 所示：支架由底板、立板和肋板组成，支架的底板部分固定在底板上表面的凹槽中（通过螺钉连接），立板上部的孔支承缸体，并利用螺钉将其固定在支架上。根据上述分析，在制订支架的视图表达方案时既要表达出其形体特征，又要表达出其支承、固定的结构，便于理解其功能。

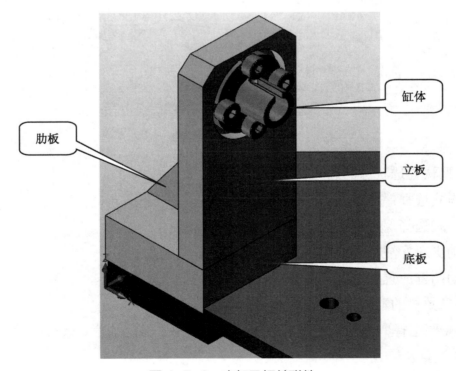

图 4-5-3　支架及相关联件

1. 主视图

主视图的选择如图 4-5-4 所示。

（1）摆放位置。

支架的形体结构为非回转体，要加工的面多，不适合用加工位置作为其摆放位置；在功能上它要实现与底板的固定及支承缸体，因此选择其工作位置作为摆放位置，更便于理解其功能。

（2）投射位置。

为了更好的反映支架的支承功能，应在主视图上表达出其支承部位的结构，因此选择以支承孔轴线平行于正面和底面的方向为主视图的投影方向，并采用剖视表达出支承孔的内部结构。

（3）表达内容。

① 总体结构：表达出高度、长度方向的总体结构，以及底板、立板和肋板之间的相互位置关系。

② 局部结构：表达与缸体配合的支承孔、固定缸体的螺纹孔的结构和它们在高度和长度方向的位置；表达能借助螺钉将支架固定在底板的螺纹孔在长度、高度方向的位置。

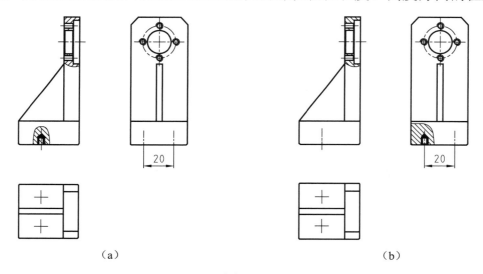

（a）   （b）

图 4-5-4　支架的视图表达方案

2. 其他视图

机械制图的空间方位建立在三投影面体系上，六个基本视图的空间方位关系明确，相对于向视图，优先选择基本视图来表达零件形体结构更便于理解；同理，在选择主视图之外的基本视图时，位于 H、W 面的俯视图和左视图更便于理解，也应优先选择。在本例中支架的视图方案选择用左视图和俯视图来辅助表达其结构，如图 4-5-4 所示。

（1）左视图。

① 配合主视图，表达支架在宽度、高度方向的整体结构和立板、肋板和底板之间的相互位置关系。

② 表达固定缸体的螺纹孔的圆周分布位置。

③ 表达底板上螺纹孔的形体和宽度方向的位置。

注：如果将螺纹孔的局部剖视图放在主视图上，如图 4-5-4（b）所示，在左视图上两条中心线之间标注尺寸来表达两个螺纹孔之间的距离，表达不清晰；采用（a）图所示的方案，左视图中的一个螺纹孔局部剖视图表达其形体结构，对尺寸 20mm 所表达的含义更清晰。

（2）俯视图。

底板的实形只有俯视图才能清楚表达，不能省略。

三、标注尺寸

1. 确定基准

装配基准是指装配时用以确定零件或部件在产品中的相对位置所采用的基准。在选择零件的基准时应考虑有相互联系的零件之间的位置关系，应采用相关联零件共面或共线的要素作为基准，减少基准不统一带来的误差，保证在机构中装配位置正确。

支架的基准选择如图 4-5-5 所示。

（1）水平方向基准。

由项目 2 的内容可知，底板的水平方向（长度和宽度方向）的设计基准是上表面凹槽的两个阶台面，支架底板的后表面、侧表面与其接触并实现水平方向的定位，为了便于装配，将支架的后表面、侧表面定为长度方向、宽度方向的基准。

注：支架虽然在宽度方向结构对称，但不能选择宽度方向对称面作为其定位基准，否则支架底板上的螺纹孔位置与底板上对应螺纹通孔采用的基准不重合，造成两者在宽度方向位置误差，影响两者之间的装配。

（2）高度方向基准。

支架的底面与底板的凹槽面相接触，两者共同组成了所支承缸体的高度功能尺寸，因此选择以支架底面为高度方向的基准。

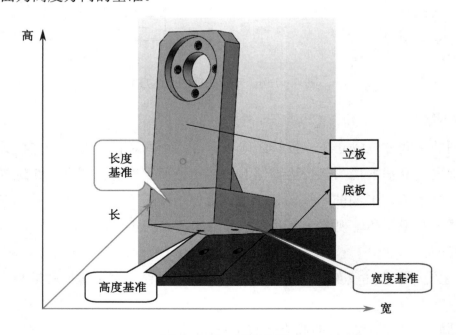

图 4-5-5　基准选择

2．标注尺寸

（1）分析支座功能，标注功能尺寸。

功能尺寸标注如图 4-5-6 所示。

① 支承、固定缸体的功能尺寸。

（a）标注与缸体配合 ϕ16mm 、与缸体贴合面 ϕ30mm 、固定螺纹 4×M4mm 等定形尺寸。

（b）从设计基准标注三个方向的定位尺寸 71mm、19mm 和 4mm。

（c）以 ϕ16 mm 孔轴线为辅助基准标注螺纹孔的径向定位尺寸 ϕ22mm 。

② 支承、固定支架的功能尺寸。

（a）标注支架与底板相接触的底面定形尺寸 40mm、38mm 和连接支架与缸体连接的螺纹孔 2×M4▽5。

（b）标注支架底板上螺纹孔的定形尺寸 2×M4▽5。

（c）从设计基准标注右侧螺纹孔的定位尺寸 9mm。

（d）以右侧螺纹孔为辅助基准标注两螺纹之间的宽度尺寸 20mm。

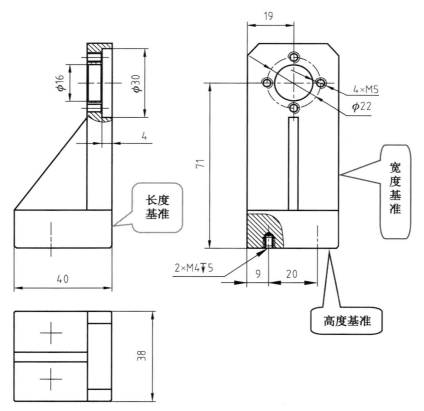

图 4-5-6　功能尺寸

（2）标注总体尺寸。

标注支架的总高 88mm；其总宽和总长为底面的宽度和长度，已标注。

（3）以形体为单位，补全形体尺寸。

① 底板。

定形尺寸：高度尺寸 16mm，其宽度和长度为功能尺寸，已标注。

定位尺寸：底板位于三个方向的基准面上，无需标注。

② 立板。

定形尺寸：长度尺寸 10mm，其高度尺寸由总高和底板高度间接标注，立板的宽度尺寸与底板宽度尺寸相同，已标注；标注立板上方两个结构角度 C5。

定位尺寸：位于宽度和长度基准面上，无需宽度和长度定位尺寸；高度定位尺寸为底板的高度 16mm，已标注。

③ 肋板。

定形尺寸：宽度尺寸 4mm、高度尺寸 40mm，其长度尺寸由底板和立板的长度尺寸间接标注。

定位尺寸：从基准标注宽度定位尺寸 17mm，其长度、高度定位尺寸为立板的长度尺寸 10mm、底板的高度尺寸 16mm，已标注。

形体尺寸标注如图 4-5-7 所示的蓝色（深色）尺寸，绿色（浅色）尺寸为前面已标注尺寸。

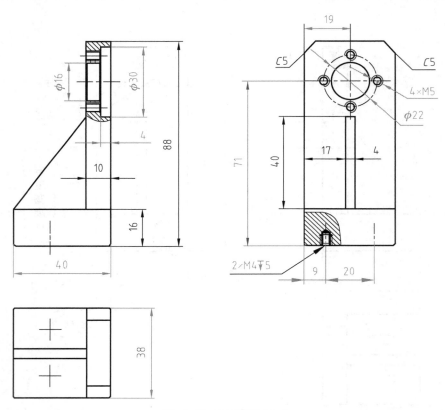

图 4-5-7　形体尺寸

（4）标注工艺尺寸。

支架的未注倒角都为 C0.5，数量较多，直接用文字在技术要求中说明。

（5）标注焊缝。

焊缝的标注应符合 GB/T 324—2008《焊缝符号表示法》的有关规定。

① 肋板与立板、底板。

（a）焊接方式：肋板与立板、底板之间采用角焊。

（b）焊缝尺寸：肋板的厚度为 4mm，确定焊缝的焊脚尺寸为 4 × 1.5 = 6mm。

（c）标注方向：焊缝在箭头的可见侧，焊缝符号标注在实线基准线上。

焊缝标注如图 4-5-8 所示。

② 立板与底板。

（a）焊接方式：立板与底板采用单边坡口焊，焊缝在箭头可见侧。

（b）坡口要求：立板开坡口，坡口无特殊要求，在图中无需做出规定，加工时由工艺人员在工艺文件中加以明确。

（c）焊缝尺寸：焊缝的焊脚尺寸选择为 11mm，中间因为肋板隔开，分成 2 段，每段 17mm，中间间隔为 4mm。

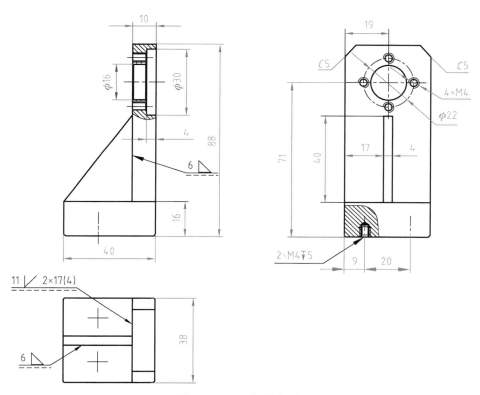

图 4-5-8　焊缝标注

四、添加技术要求

1. 分析功能，添加尺寸公差

（1）添加与缸体配合的支承孔的尺寸公差 $\phi16^{+0.027}_{0}$ mm。

（2）添加支承孔轴线到底面的高度尺寸公差 71±0.027mm。

2. 重要位置添加几何公差

（1）底面：平面度，底面作为高度基准，约束其表面几何形状。

（2）支架底板与底板凹凸的阶台接触面后表面相对于底面的垂直度。

（3）底板右表面相对于底面和后表面的双基准垂直度。

（4）支承孔 $\phi16\,\text{mm}$ 右侧阶台面与底板右表面的平行度。

（5）支承孔轴线相对于其右侧阶台面的垂直度。

3. 表面粗糙度

（1）配合面：$\phi16\,\text{mm}$ 支承孔标注表面粗糙度 $Ra1.6\,\mu\text{m}$，螺纹孔标注表面粗糙度 $Ra3.2\,\mu\text{m}$。

（2）接触面：底板的底面、后表面、右表面、$\phi16\,\text{mm}$ 孔的右侧阶台面，标注表面粗糙度 $Ra3.2\,\mu\text{m}$。

（3）非去除材料获得面：肋板的两侧面、立板与肋板接触面、底板与肋板接触面标注为不去除材料获得的表面。

（4）其他表面粗糙度都确定为 $Ra12.5\,\mu\text{m}$，在标题栏的右上角统一标注。

4. 其他用文字说明的技术要求

（1）本件由件号为 1、2、3 共三件焊接而成。

本项技术要求说明支架的组成部分和组成方式。

（2）正火处理。

支架材料是 15 钢，焊接性能好，材质较软，需要进行正火提高强度、硬度和韧性等机械性能，同时去除焊接形成的应力。

（3）未注倒角 $C0.5$。

由于 $C0.5$ 尺寸的倒角较多，在技术要求中注明。

（4）锐角倒钝。

去掉加工切削、焊接等形成的毛刺和锋利的棱角。

（5）注明"未注线性尺寸公差按 GB/T 1804—2000 m 级要求"。

（6）注明"未注几何公差按 GB/T 1184—1996 H 级要求"。

（7）喷涂黑漆前喷丸处理。

喷丸处理也称喷丸强化，是减少零件疲劳，提高寿命的有效方法，能有效去除焊接面的焊渣，清洁表面；喷丸后进行喷涂黑漆，对零件进行防锈处理。

技术要求的标注如图 4-5-9 所示。

五、填写焊接组件明细表和标题栏

1. 填写焊接组件明细表

焊接组件明细表与装配图的明细栏相似，位于标题栏的上方。在焊接件的零件图中应根据需要填写相应栏目，通常只需填写序号、名称、材料和数量四栏，如有更多要求，可参照装配图中的明细栏。填写结果如图 4-5-9 所示。

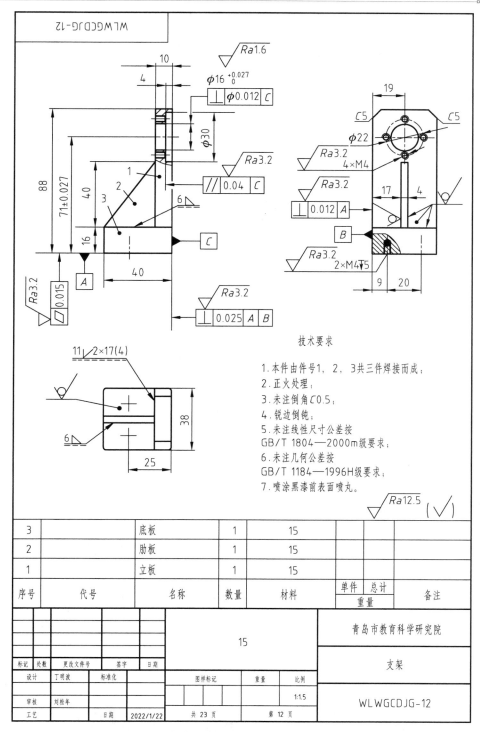

图 4-5-9　支架零件图

2. 填写标题栏

标题栏的填写如图 4-5-9 所示。

（1）根据要求，选择标题栏的种类。

（2）根据要求，填写标题栏。

标题栏中一般填写的内容有：企业名称、图样名称、图样代号、材料标记、比例、共几页、第几页、日期等。

本例中还填写了此零件的设计者、审核者，具体应根据需要去选择填写栏目。

任务测评

对任务实施的完成情况进行检查，并将结果填入表 4-5-1。

表 4-5-1 任务测评表

序号	评分内容	评分明细	配分	扣分	得分
1	图幅设置（5分）	正确设置图幅	5		
2	视图表达方案（25分）	制订合理的视图表达方案	25		
3	标注尺寸（30分）	正确、齐全、清晰	15		
		尺寸公差正确、完整	6		
		焊缝标注正确	9		
4	几何公差（15分）	正确、完整	15		
5	表面粗糙度（10分）	正确、完整	10		
6	技术要求（5分）	相关技术要求合理、齐全	5		
7	标题栏与明细表（10分）	明细栏填写完整、正确	5		
		标题栏填写完整、正确	5		
8	合 计		100		
9	学习体会				

巩固与提高

绘制其他测绘件支架零件图，完成视图表达、尺寸标注，填写技术要求，填写图幅，制订和填写标题栏。

（1）要求图幅合适，比例适中，能清晰、完整、合理的表达零件结构。

（2）分析支架零件的工作要求和加工要求，合理确定其几何公差、表面粗糙度、热处理等技术要求。

任务6 绘制箱体零件图

学习目标

◇ 知识目标

1. 理解箱体类零件的视图表达方案。

2. 理解箱体类零件的基准选择和尺寸标注。

3. 理解尺寸标注的原则，能根据零件功能、生产工艺合理标注尺寸。

◇ 能力目标

完成蜗轮箱的零件图绘制。

任务分析

本任务是绘制蜗轮箱的零件图，蜗轮箱如图 4-6-1 所示。在完成零件图绘制的过程中，理解铸造和切削加工形成的表面在尺寸标注上的不同，理解箱体类零件的零件图绘制要求，合理、完整、清晰地制订视图表达方案，合理选择基准，尺寸标注完整、清晰，根据要求添加必要的技术要求，规范填写标题栏。

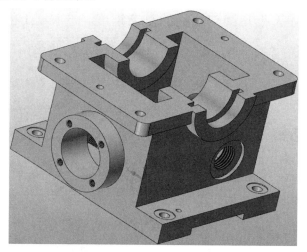

图 4-6-1 蜗轮箱

箱体是构成机械的基体，其功能是支承、连接和容纳其他零件，直接或间接地确定其在机械中的位置，共同组成一个相对位置明确、能实现特定运动、传递运动或动力的机构。本任务采用的测绘件——蜗轮箱就是典型的箱体。

要完成蜗轮箱的零件图绘制，需要仔细分析其复杂的形体结构，采用多个视图完整、合理地予以表达；区分箱体中铸造和切削加工工艺所形成的表面和结构，根据其支承蜗轮轴与蜗杆轴、固定箱盖等其他零件及在底板上固定自身的功能要求，合理选择基准、标注尺寸并添加必要的技术要求，规范填写标题栏。

任务实施

一、设置图幅

如图 4-6-2 所示，设置绘制蜗轮箱零件图所要采用的图幅。

图 4-6-2　图幅设置

（1）蜗轮箱结构复杂，需要表达内外结构，外表面需要表达的形体较多，需要用到多个视图表达，综合其总体尺寸大小与局部结构的复杂程度，选择 1:1 的绘图比例，A2 图纸，横向放置。

（2）勾选标题栏-1；。

（3）其他保持默认状态。

二、确定视图表达方案

蜗轮箱的结构比较复杂，功能结构较多，需要用到多个视图来表达；箱体的内部有容纳其他零件的功能，是重要的功能结构，多需采用全剖、半剖或大范围的局部剖视来予以表达。

本例中蜗轮箱的形体比较复杂，需要表达的内外结构较多，选择用主视图、俯视图、左视图三个基本视图、两个向视图和一个局部视图来表达其形体结构，如图 4-6-3 所示。

1. 主视图的摆放位置、投影方向及表达内容

（1）摆放位置。

蜗轮箱的形体结构为非回转体，空间位置固定，选择其工作位置作为它在三投影面体系中的摆放位置。

（2）投射位置。

主视图投影方向应选择能表达其形体特征最多信息的方向，通常需要采用剖视（或局部剖）表达其内部结构，如图 4-6-3 所示选择有油窗的一侧作为投影方向。

（3）表达内容。

① 主要菜单达：支承蜗轮轴与蜗杆轴的两孔之间的位置关系。

② 前视图表达：箱体前表面的外部形体结构、油窗孔的位置。

③ 剖视与虚线表达内容：表达箱体内腔的长度和宽度及位于后面的半圆形凸缘。

④ 局部剖表达：上表面两处锥孔的贯通性、底面锪平孔和前侧锥孔的贯通性。

其主视图选择方案如图 4-6-3 所示。

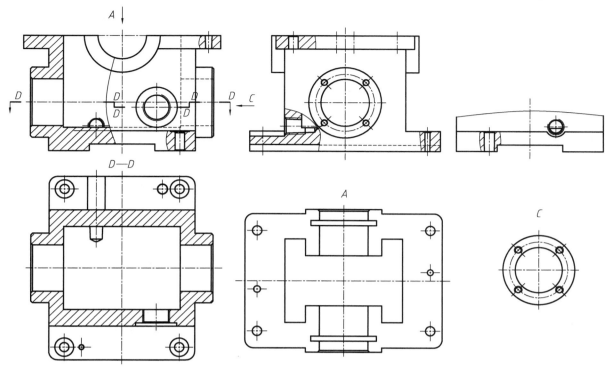

图 4-6-3　视图表达方案

2. 其他视图的选择及表达方案

主视图没有表达清楚的结构，需要采用其他视图予以表达。

蜗轮箱有六个面，每个面都要表达出形体结构，但是不需要采用六个基本视图来表达，在正确、完整、清晰地表达出其结构的前提下，可以根据 GB/T 16675.1—2012《技术制图 简化表示法 第 1 部分：图样画法》中规定的简化画法对表达图样进行合理简化，减少重复表达，降低绘图工作量。蜗轮箱的视图表达方案除了主视图外，还采用俯视图（D—D 阶梯剖）、左视图（局部剖）和后视图（局部视图、局部剖）三个基本视图和 A、C 两个向视图辅助表达出蜗轮箱的结构，如图 4-6-3 所示。

（1）左视图。

① 配合主视图，表达蜗轮箱的整体形体结构。

② 表达箱体左表面的局部结构（螺纹孔的分布）。

③ 采用局部剖，表达出箱体后表面放油孔的贯通性和底板上的导油槽。

（2）俯视图。

① 采用 D—D 全剖，表达蜗轮轴孔的内部形体结构。

② 表达底板的形状。

③ 表达出箱体底板上锪平孔、销孔的分布。

（3）后视图。

① 采用局部视图，表达出蜗轮箱后表面上放油孔、导油槽的位置和尺寸。

零部件测绘与CAD成图技术 ● ● ●

② 采用局部剖，表达出蜗轮箱底板上后面销孔的长度方向位置及贯通性。

注：向视图是不按投影位置摆放的视图，按照图 4-6-3 所示的视图布局方案，此局部视图位于左视图的右方，而后视图的投影位置就在左视图的右方，因此此局部视图应视为按投影位置摆放的后视图，不应视为向视图。

（4）向视图 A。

① 因为俯视图采用剖视表达蜗杆轴支承孔的结构，蜗轮箱上表面被剖掉，用此向视图 A 表达出蜗轮箱上表面。

② 表达出蜗轮箱上表面的形状及上表面上螺纹通孔、销孔的位置。

（5）向视图 C。

表达蜗轮箱右表面螺纹孔。

注：对称结构表达原则只适用于同一个视图，不能应用于不同的视图。在图 4-6-3 所示的表达方案中主视图只表达出箱体左右两侧整体结构相同，没有表达左视图的局部结构——螺纹孔及其分布；在左视图中表达箱体左侧的螺纹孔分布情况，不能利用对称原则表达箱体右侧的结构。要表达右侧表面的螺纹孔分布，需添加一个视图进行表达，为避免重复左视图已经表达的整体结构，采用局部向视图 C 进行表达。

三、标注尺寸

1. 确定基准

箱体的基准选择如图 4-6-4 所示。

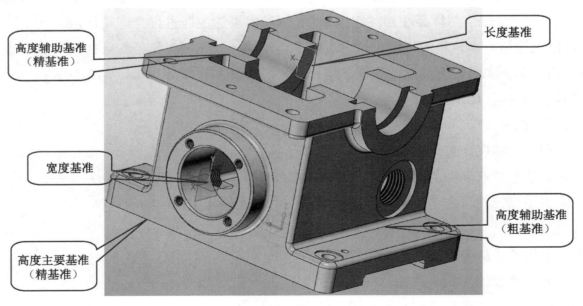

图 4-6-4　箱体基准选择

（1）高度方向基准。

① 粗基准：蜗轮箱的基体是铸造的，其最终产品保留了许多铸造形成的表面，这些铸面

之间的定位应该利用同是铸造工艺中形成的面来定位，只能用一次；在箱体底面的加工中，需要用到的铸面为粗基准，控制箱体底面的厚度尺寸，如图 4-6-5 所示的 12mm，所用到的底板上表面就是粗基准。

② 精基准：选择精加工后的蜗轮箱下表面作为高度方向的主要基准（精基准），用以确定箱体上表面的位置；选择蜗轮轴支承孔的中心线作为高度方向辅助基准，用以确定蜗轮轴中心到蜗杆轴中心的距离，保证蜗轮传动中蜗轮和蜗杆之间的尺寸满足设计要求，保证功能尺寸。

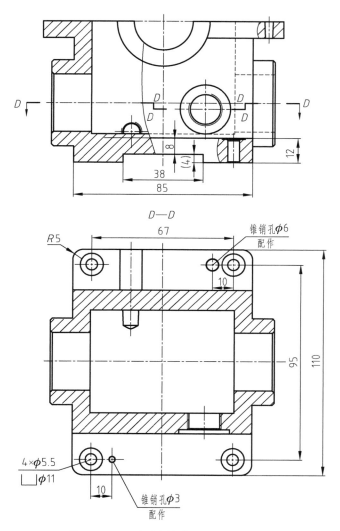

图 4-6-5　蜗轮箱底板的尺寸标注

（2）长度方向基准。

蜗轮箱是左右对称结构，蜗轮轴支承孔的轴线就位于左右对称中心面上，选择左右对称中心面作为其长度基准。

注：以中心对称面为基准面时，铸造和切削加工工艺形成的表面都受其约束，而不是中心对称面随着表面的位置变化而变化，因此不同工艺形成的表面都允许以中心对称面为基准

进行标注尺寸。

（3）宽度方向基准。

蜗轮箱的前后表面的整体结构大致相同，只在局部结构上有所不同，也可将其视为前后对称，蜗轮轴支承孔轴线在其前后对称面上，将前后对称中心面作为宽度方向的基准。

2．标注尺寸

蜗轮箱的形体结构复杂，为防止遗漏尺寸，应采用形体分析法，将蜗轮箱按其形体结构划分成几部分，依次标注尺寸。

（1）底板。

底板要表达其整体结构，还要表达底板上的凹槽、沉孔、销孔和导油槽等局部结构，这些结构分别用主视图、俯视图、左视图和后视图予以表达。

在标注尺寸时应将尺寸标注在意图表达其结构的视图上，宽度尺寸标注在工艺结构集中的主视图和俯视图上。

① 标注底板的整体结构如图4-6-5所示。

（a）长度和高度方向整体尺寸85mm、12mm标注在主视图上。因为主视图表达零件的整体特征和主要形体结构，应尽量将整体结构尺寸标注在主视图上。

（b）宽度整体尺寸110mm。

（c）底板上圆角尺寸$R5$mm，圆弧尺寸只能标注在反映其实形的视图上。

② 标注底面沟槽。

（a）在主视图上标注沟槽两侧面之间的长度尺寸38mm；槽顶的位置尺寸8mm。

注：箱体底部沟槽是铸造形成的，槽顶是铸面，箱体底面是以底板上表面为粗基准切削加工形成的，保证底板的高度尺寸12mm，如图4-6-5所示；如果标注槽顶到箱体底面的尺寸4mm，会造成在一次加工中需要同时保证两个尺寸的问题，顾此失彼，加工困难。

（b）沟槽宽度与底板的宽度相同，在左视图上利用虚线表达其左右方向的贯通，不需标注。

③ 标注底板上的锪平孔。

（a）在俯视图上标注底板上螺纹通孔的定形尺寸$\phi5.5$mm、数量 4 个及锪平孔的直径$\phi11$mm。

注：锪平在工艺上是为了获得一个平整的表面。工人在加工中根据铸面的实际情况控制深度，在零件表面锪成一个平整的表面就会停止操作，深度一般1～2mm，无需标注。

（b）以中心为基准，对称标注锪平孔的定位尺寸67mm、95mm。

④ 标注底板上前后两个锥销孔。

（a）在俯视图上标注两个锥销孔的定形尺寸$\phi6$mm、$\phi3$mm，并在尺寸前注明"锥销孔"。左视图和后视图的局部剖视仅为了表达两者的贯通性，其表达意图不是为了标注尺寸，标注在俯视图有利于尺寸标注集中，更有利于看图。

注：标注锥销孔时应在直径前写明"锥销孔"；锥销孔的直径尺寸指其小端的直径。销孔属于配作的结构，是在箱体和底板除销孔外所有尺寸加工完成后，用螺栓将两者固定并调整好位置后，一起钻孔、铰孔加工而成，因此应注明"配作"。

（b）以两侧靠近销孔的螺纹孔中心为基准，标注两处定位尺寸 10mm。

注：销孔是为了固定箱体采取的工艺结构，为了更好的定位，一般将销孔对角放置；在对角放置销孔时，要避免影响到附近的螺纹连接，应以附近的螺纹孔中心为其定位基准。

⑤ 标注导油槽。

导油槽位于蜗轮箱的后表面，在后视图表达其结构。其标注如图 4-6-6 所示。

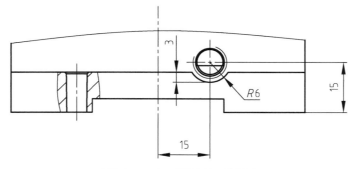

图 4-6-6　蜗轮箱后视图

（a）标注导油槽的定形尺寸 R6mm。

（b）标注导油槽的定位尺寸。

长度定位尺寸：以蜗轮箱左右对称中心为基准，标注尺寸 15mm。

宽度定位尺寸：贯通于底板后面到箱体后表面，不需标注。

高度定位尺寸：以蜗轮箱上表面为基准，标注导油槽最低处的深度尺寸 3mm。

注：导油槽是铸造形成的，它的形成在时间上早于放油孔，因此不能以放油孔的中心作为导油槽的定位基准。

（2）蜗轮箱中部的外表面结构。

① 整体尺寸。

蜗轮箱中部的外表面尺寸标注在主视图和左视图中，如图 4-6-7 所示。

（a）长度方向：蜗轮箱前后表面大致对称，与箱体长度相同，不用标注。

（b）宽度方向：蜗轮箱中部左右结构相同，在左视图上以中心为基准标注尺寸 70mm。

（c）高度方向：在左视图上以底板上表面为粗基准标注尺寸 49mm。左视图保留了大部分箱体外部形体，标注外形尺寸更便于理解；同时主视图高度尺寸较多，标注在主视图上容易造成尺寸交叉。

注：蜗轮箱的箱体中间部分是铸造形成的，而箱体底面是切削加工形成的，其形成时间晚于铸面，不能将蜗轮箱底面用作标注铸面的定位基准；在标注尺寸时一般应将两个相邻的铸面直接标注尺寸，避免同一方向上有两个及两个以上的未加工面与加工面有直接的尺寸标注。

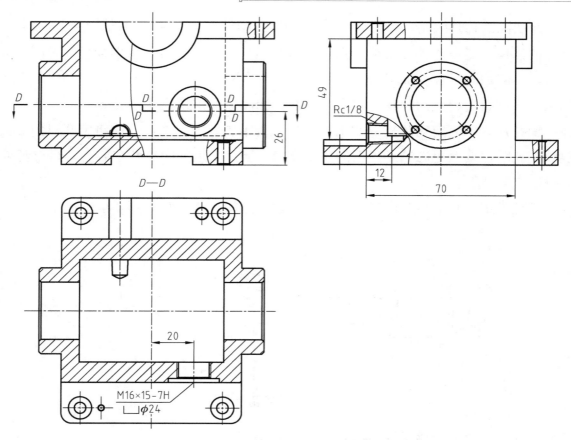

图 4-6-7 蜗轮箱箱体中间部分外表面尺寸标注

② 标注放油孔。

放油孔为密封管螺纹，用于排出箱体内油液，位于箱体后表面上，在后视图、左视图中表达其位置和形状，如图 4-6-6、图 4-6-7 所示。

（a）标注定形尺寸：在左视图中标注尺寸 Rp1/16，底孔深度 12mm。

注：底孔有一部分是位于箱体内槽底部的，需要标注出深度，不能视为通孔而省略孔深。

（b）标注定位尺寸。

在后视图上以中心对称面为基准标注长度定位尺寸 15mm，如图 4-6-6 所示。

在左视图上以箱体下表面为基准标注高度定位尺寸 15mm。

以箱体后表面为宽度基准，箱体后表面位于基准面上，不需标注宽度定位尺寸。

③ 标注油窗孔。

油窗孔在箱体前表面上，用于安装油窗，观察箱体内油液的高度，需要在主视图和俯视图上表达出其形状和位置。油窗孔的标注如图 4-6-7 所示。

（a）定形尺寸：在俯视图上标注其径向尺寸 M16×1.5（mm），锪平孔直径 ϕ24mm。

（b）定位尺寸：

长度方向，以左右中心对称面为基准标注 20mm。

宽度方向，以箱体前表面为辅助基准，箱体前表面位于基准面上，无需标注。

高度方向，以底面为基准标注高度定位尺寸 26mm。

（3）箱体内部空腔。

箱体内部空腔是铸造形成的，其形体结构在主视图、俯视图中予以表达，如图 4-6-8 所示。

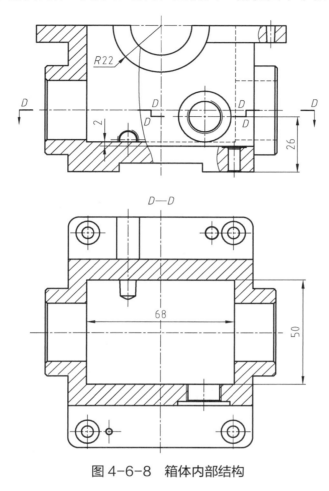

图 4-6-8　箱体内部结构

（a）长度方向，在俯视图上以蜗轮箱左右对称中心面为基准，标注尺寸 68mm。

（b）宽度方向，在俯视图上以蜗轮箱前后对称中心面为基准，标注尺寸 50mm。

注：标注尺寸时应该避免标注在虚线上，蜗轮箱的 D—D 全剖俯视图中箱体空腔轮廓线为实线，因此将长度尺寸和宽度尺寸标注在俯视图上。

（c）高度方向，在主视图上以蜗轮箱底板的上表面为基准，标注在局部剖视图产生的箱底实线轮廓的高度尺寸 2mm。

注：蜗轮箱内腔底面的位置不能从箱体上表面标注，内腔的底部是铸造形成的，箱体上表面是以箱体底面为基准切削加工形成的，两者是不同工序获得的表面，箱体上表面的形成在时间上晚于箱体底面，因此不能以它去标注内腔的腔底位置。也可以从箱体底部沟槽的槽顶为基准标注箱体内腔的底面位置尺寸 10mm。

（d）标注蜗轮箱内腔里 R22mm 铸面。箱体内外的圆弧面不是一个表面，应分别标注。

（4）标注箱体上表面的结构。

箱体的上表面的形状在 A 向视图中表达，在主视图上表达其高度位置，如图4-6-9所示。

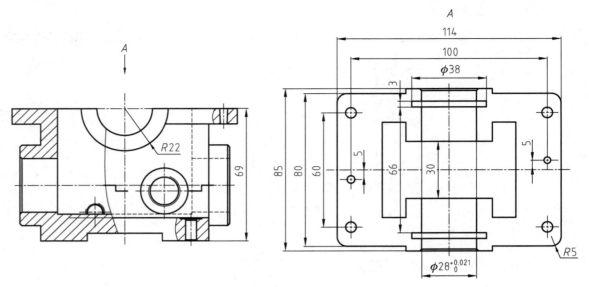

图4-6-9　箱体上表面结构标注

① 上表面整体结构。

（a）长度方向，在 A 向视图中以蜗轮箱左右对称中心面为基准标注尺寸114mm。

（b）宽度方向，在 A 向视图中以蜗轮箱前后对称中心面为基准标注尺寸80mm。

（c）高度方向，以蜗轮箱底面为基准标注高度尺寸69mm。

（d）标注蜗轮箱箱体的上表面圆弧半径 R5mm。

② 上表面前后圆弧凸台。

（a）在主视图上圆弧凸台投影反映实形，在上面标注定形尺寸 R22mm。

（b）在 A 向视图上以蜗轮箱前后对称中心面为基准标注前后圆弧凸台的宽度尺寸85mm；也可标注在左视图上。

③ 上表面内沟槽、内孔。

上表面的内孔和内沟槽是将蜗轮箱和箱盖配合固定后再一起加工形成的，应标注直径，并用文字注明是与箱盖配合后一起加工的，文字注明可以标注在尺寸线下面，也可在技术要求中说明；应将两 ϕ28mm内孔视为同心结构，标注尺寸时将两者连起来标注，代表一个尺寸。

（a）标注两者的定形尺寸 ϕ28mm ， ϕ38×3(mm)。

（b）以蜗轮箱前后对称中心面为基准标注内沟槽的定位尺寸66mm。

④ 标注上表面螺纹通孔。

（a）标注螺纹通孔的定形尺寸及数量4×ϕ5.5mm。

（b）以蜗轮箱的左右对称中心面为基准标注长度定位尺寸100mm。

以蜗轮箱的前后对称中心面为基准标注宽度定位尺寸60mm。

以其所在的蜗轮箱上表面为高度基准，无需高度定位尺寸。

⑤ 标注上表面锥销孔。

（a）标注锥销孔的直径尺寸及数量 2×锥销孔 ϕ4mm，标明与箱盖"配作"。

（b）以蜗轮箱前后中心对称面为基准，分别标注两锥销孔的宽度方向定位尺寸 5mm。

锥销孔在高度方向以其所在的上表面为基准，长度方向与螺纹通孔的位置相同，都不用标注定位尺寸。

（5）箱体左右两侧的凸台内外结构。

蜗轮箱两侧凸台内外结构标注如图 4-6-10 所示。

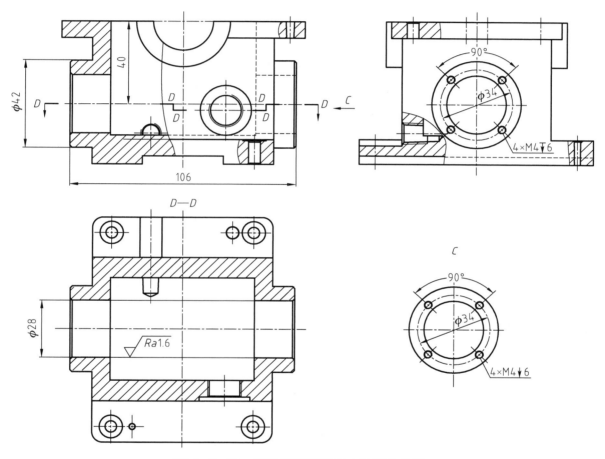

图 4-6-10　蜗轮箱两侧凸台内外结构标注

① 标注阶台内孔。

（a）在俯视图上标注内孔直径 ϕ28mm，在主视图或俯视图上标注两侧阶台长度 106mm。

注：箱体左右两侧的凸台用于安装轴承及固定轴承端盖，其两侧内孔的同轴度有较高要求，将两侧内孔视为同心结构，中心线连在一起，标注尺寸时用细实线将两部分连在一起进行标注。

（b）在主视图上以箱体上表面 ϕ28mm 孔的轴线为基准高度标注定位尺寸 40mm。

注：不是以箱体上表面为基准标注高度尺寸 40mm，上表面的 ϕ28mm 孔的轴线与上表面不一定完全重合，两者之间存在加工误差。

② 在主视图标注阶台外圆直径 $\phi42$mm。主视图上表达清楚两侧阶台形体对称，只需标注一侧直径；两侧长度与内孔长度为同一尺寸，已标注。

③ 标注阶台表面螺纹孔。

（a）在左视图和 C 向视图中做相同的标注。

（b）标注螺纹孔的数量、螺纹规格和深度：4×M4，深度为 6mm。

（c）以 $\phi28$mm 孔中心为基准标注螺纹孔的圆周分布直径 $\phi34$mm，螺纹孔的分布角度 90°。在任务 4 的下通盖标注中（见图 4-4-5），对称标注螺纹通孔的角度 90°，根据相关联零件基准统一原则，此处也应标注 90°。

3．标注倒角、倒圆等局部工艺结构

（1）标注螺纹孔倒角：油窗螺纹倒角、放油孔螺纹倒角标注 0.5×30°。

注：螺纹孔倒角直径需大于其牙底，采用 45° 倒角时，轴向去除材料与径向去除材料尺寸相同，如果螺距较大时会造成切削量大、降低螺纹有效长度，因此螺纹孔倒角常采用 30° 倒角。

（2）标注蜗轮箱上下表面螺纹通孔的倒角 C0.5。

（3）标注蜗轮箱左右两侧凸台的外倒角 C1。

（4）标注蜗轮箱底板上两个销孔的倒角 C0.5；箱体上表面的两个销孔不倒角，倒钝即可。

（5）标注四处 $\phi28$mm 孔的外端面倒角 C1。

（6）标注工艺圆角：上下表面的圆角；箱体内部空腔壁相交的四个圆角。

（7）铸造圆角不必标注，在文字性技术要求中统一标注说明。

四、添加技术要求

箱体的尺寸精度、几何精度和表面粗糙度标注如图 4-6-11 所示（两向视图、技术要求略）。

1．添加尺寸精度要求

分析蜗轮箱的功能，添加以下尺寸精度。

（1）标注两处支承蜗轮轴、蜗杆轴轴承的孔尺寸公差 $\phi28^{+0.021}_{0}$mm。

（2）标注蜗轮箱上表面内沟槽的尺寸公差 $\phi38^{+0.062}_{+0.025}$mm。

（3）标注蜗轮轴支承孔轴线到蜗杆轴支承孔轴线距离 40±0.019(mm)。

（4）标注蜗轮箱底面到上表面的距离 69±0.023(mm)。

（5）标注蜗轮箱左右两侧凸台的距离 106±0.1(mm)。

（6）标注蜗轮箱上表面两内沟槽距离 66±0.019(mm)。

2．添加几何精度要求

几何公差的标注如图 4-6-11 所示。

根据蜗轮箱的功能，分析重要表面的几何形状要求，选择适当的几何公差及精度等级，依次标注以下几何公差。

（1）箱体底面为高度基准，在其表面添加平面度公差。

（2）以蜗轮箱底面为基准，约束其上表面的平行度。

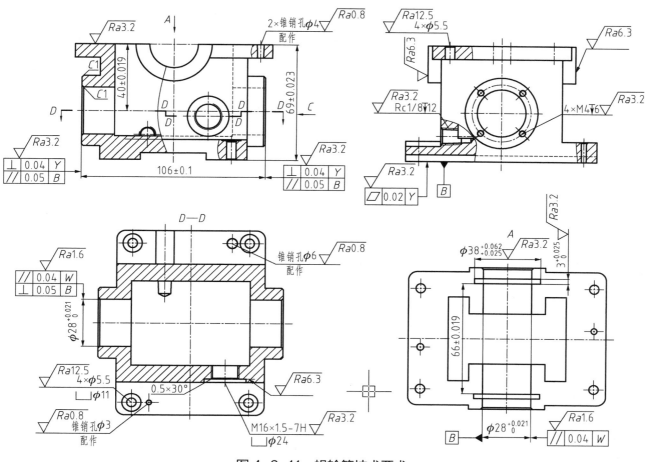

图 4-6-11　蜗轮箱技术要求

（3）以蜗轮箱底面为基准，约束其蜗轮轴支承孔轴线的平行度。

（4）以蜗轮箱底面为基准，约束其蜗杆轴支承孔轴线的平行度。

同时以蜗轮轴支承孔轴线为基准，约束蜗杆轴支承孔轴线的垂直度。

（5）以蜗轮箱底面为基准，约束箱体左右两侧面的垂直度。-1

同时以蜗轮轴支承孔的轴线为基准，约束箱体左右两侧面的平行度。

注：国家标准规定，字母 E、F、I、J、L、M、O、P、R 不能用；通常在向视图、剖视位置等已经用到的字母，为了不引起歧义，在基准符号里不再选用。

3. 添加表面粗糙度要求

表面粗糙度的标注如图 5 所示。

（1）箱体毛坯是铸造形成的，铸面较多，在标题栏右上方应该标注除已标注的表面外都不采用去除材料法获得的表面粗糙度。

（2）箱体加工表面较多，所有切削加工形成的表面都要标注用去除材料方法获得的表面粗糙度，包括螺纹、倒角和倒圆。

（3）在螺纹孔上标注表面粗糙度，其标注位置只能是尺寸线或其延长线，不能标注在尺寸界线上。

（4）沟槽两侧的表面粗糙度可以直接标注在尺寸线或其延迟线上，也可在两侧分别标出。

（5）在不会引起误解的情况下，可以将圆面的表面粗糙度标注在直径尺寸线上。

4．添加文字描述技术要求

（1）铸件材料要求：铸件不得有气孔、夹渣、裂纹等缺陷。

（2）铸造工艺要求：铸造圆角为 $R2$～$R3$；未注倒角 $C0.5$；锐边去毛刺。

（3）热处理：失效处理。

（4）为保证零件使用性能而添加的工艺说明：两处 $\phi28_{0}^{+0.021}$ mm 的孔、两处 $\phi38_{+0.025}^{+0.062}$ mm 的内沟槽、两处 $3\times\phi38$(mm) 的槽及前后两侧凸台与箱盖装配后一次装夹完成加工。

（5）未注公差说明：铸造公差按 GB/T 6414—2017 要求；未注切削加工线性尺寸按 GB/T 1804—2000 m 级要求；未注切削加工面几何公差按 GB/T 1184—1996 H 级要求。

（6）零件防锈处理：非接触表面涂漆。

五、填写标题栏

（1）根据要求，选择标题栏的种类。

（2）根据要求，填写标题栏。

标题栏中一般填写的内容有：企业名称、图样名称、图样代号、材料标记、比例、共几页、第几页、日期等。

 任务测评

对任务实施的完成情况进行检查，并将结果填入表 4-6-1。

表 4-6-1　任务测评表

序号	评分内容	评分明细	配分	扣分	得分
1	图幅设置（3分）	设置图幅及比例合理、正确	3		
2	视图表达方案（20分）	主视图正确	2		
		结构表达完整	15		
		方案合理简洁	3		
3	标注尺寸（42分）	正确、齐全、清晰，每错一处扣1分	30		
		尺寸公差正确、完整，每错一处扣2分	12		
4	几何公差（18分）	正确、完整，每错一处扣3分	18		
5	表面粗糙度（10分）	正确、完整，每少、错一处扣1分	10		
6	技术要求（5分）	相关技术要求正确、合理、齐全，每错一处扣0.5分	5		
7	标题栏（2分）	填写完整、正确	2		
8	合　计		100		
9	学习体会				

巩固与提高

　　绘制蜗杆传动机构的箱盖零件图，完成视图表达、尺寸标注，填写技术要求，填写图幅，制订和填写标题栏。

　　（1）要求图幅合适，比例适中，能清晰、完整、合理的表达零件结构。

　　（2）分析箱盖的工作要求和加工要求，合理确定其几何公差、表面粗糙度、热处理等技术要求。

项目 5 绘制标准件

任务 1 绘制蜗杆传动机构紧固件

 学习目标

◇ 知识目标

    1. 掌握使用中望机械 CAD、中望 3D 软件绘制紧固件的方法、步骤及技巧。

    2. 掌握蜗杆传动机构中紧固件二维、三维建模的方法及步骤。

◇ 能力目标

    会使用中望机械 CAD、中望 3D 软件完成蜗杆传动机构中紧固件的二维、三维建模。

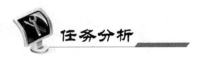 任务分析

    紧固件是机器中的重要组成部分，一般具有连接、紧固、传递运动、控制调节等作用。它将机器中的各个零件按照一定的相互位置关系装配起来，并按预期的效果进行工作。如 M5×25 内六角圆柱头螺钉、圆锥销、内六角锥形螺塞、轴用 A 型弹性挡圈、C 级平垫圈等。其结构、尺寸、技术要求、画法和标记均已标准化的零件称为标准件。本次任务是完成蜗杆传动机构标准件中紧固件的测量，以及二维、三维建模，如图 5-1-1 所示。

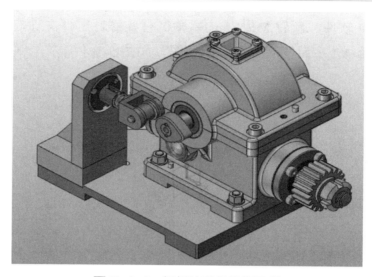

图 5-1-1　蜗杆传动机构紧固件

一、任务准备

实施本任务教学所使用的实训设备及工具材料可参考表 5-1-1。

表 5-1-1　实训设备及工具材料

序号	分类	名称	型号规格	数量	单位	备注
1	工具			1	套	
2	设备器材	计算机		1	台	
3		3D 软件	中望 3D 软件	1	套	
4		2D 软件	中望机械 CAD 软件	1	套	

二、紧固件的二维和三维建模

蜗杆传动机构的装配需要用到 M5×25 内六角圆柱头螺钉、定位销、螺塞、弹性挡圈、垫圈等紧固件的二维和三维建模。

1. 内六角圆柱头螺钉（见图 5-1-2）

GB/T 70.1—2008 M5×25 内六角圆柱头螺钉的二维、三维建模操作方法及步骤如下。

图 5-1-2　M5×25 内六角圆柱头螺钉

（1）打开中望 3D 软件，新建 M5×25 内六角圆柱头螺钉零件文件，单击【草图】命令，如图 5-1-3 所示，选择 XZ 平面绘制螺钉基体草图，如图 5-1-4 所示。

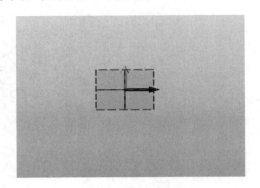

图 5-1-3　【草图】命令　　　　　　　　图 5-1-4　草图界面

（2）打开中望机械 CAD 软件，进入二维界面。

（3）单击【出库】命令 或使用快捷键 XL（分别单击 X 键、L 键及空格键），进入零件库。

（4）根据型号，找到相应的内六角圆柱头螺钉，如图 5-1-5 所示。

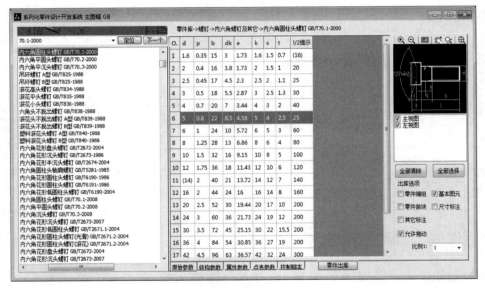

图 5-1-5　内六角圆柱头螺钉

（5）单击 零件出库 按钮，导出零件，如图 5-1-6 所示。

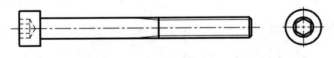

图 5-1-6　导出的内六角圆柱头螺钉

（6）复制导出的零件到之前新建的三维草图中，单击【画线修剪】命令 ，进行草图修剪，如图 5-1-7 所示。

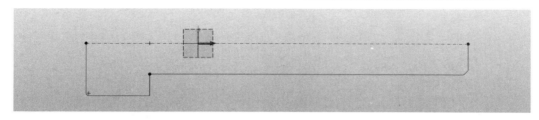

图 5-1-7　修剪草图

进行草图旋转，选择轮廓，单击 X 轴，单击【确定】按钮，如图 5-1-8 所示。

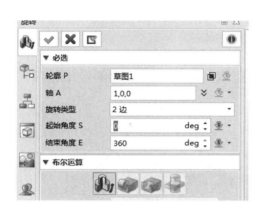

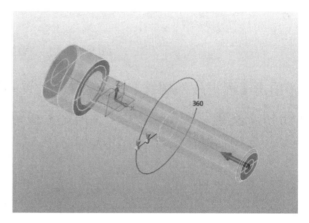

图 5-1-8　基体旋转

（7）选择如图 5-1-9 所示的平面为绘图平面，绘制六边形，如图 5-1-10 所示，并标注尺寸，进行完全约束。

图 5-1-9　绘图平面

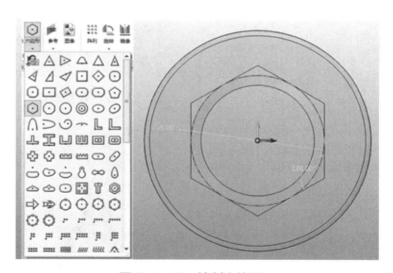

图 5-1-10　绘制六边形

（8）退出草图，单击【拉伸】命令，选择 2 边拉伸，起始点为 0mm，结束点为-4mm，布尔运算选择减运算，如图 5-1-11 所示。

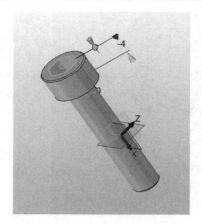

图 5-1-11　六边形草图拉伸

（9）单击【标记外部螺纹】命令 ，设置螺纹参数，如图 5-1-12 所示，螺纹类型为 M，直径为 5mm，长度为 25mm，单击【确定】按钮，造型效果如图 5-1-13 所示。

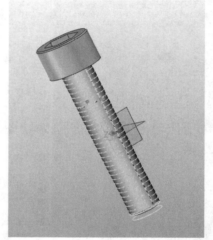

图 5-1-12　设置螺纹参数

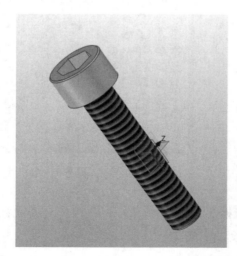

图 5-1-13　GB/T 70.1—2008 M5×25 内六角圆柱头螺钉造型效果图

2. 内六角锥形螺塞（见图 5-1-14）

图 5-1-14　φ6×10 内六角锥形螺塞

GB/T 73—2017 φ6×10 内六角锥形螺塞三维建模的操作方法及步骤如下。

（1）打开中望 3D 软件，新建内六角锥形螺塞零件文件，单击【圆柱体】命令，如图 5-1-15 所示，以坐标原点为圆心，半径设置为 3mm，长度设置为 10mm，单击【确定】按钮，如图 5-1-16 所示。

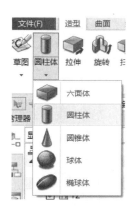

图 5-1-15　【圆柱体】命令

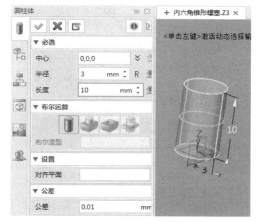

图 5-1-16　设置圆柱体参数

（2）选择如图 5-1-17 所示平面为绘图平面，绘制六边形，并设置尺寸，完成草图，效果如图 5-1-18 所示。

图 5-1-17　绘图平面

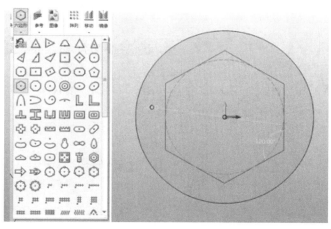

图 5-1-18　绘制六边形

（3）退出草图，单击【拉伸】命令，选择 2 边拉伸，起始点为 0mm，结束点为-3mm，布尔运算选择减运算，如图 5-1-19 所示。

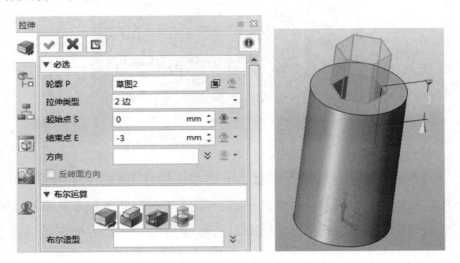

图 5-1-19　六边形草图拉伸

（4）单击【标记外部螺纹】命令 ，设置螺纹参数如图 5-1-20 所示，螺纹类型选择 M，直径为 6mm，长度类型为完整，单击【确定】按钮 ，效果如图 5-1-20 所示。

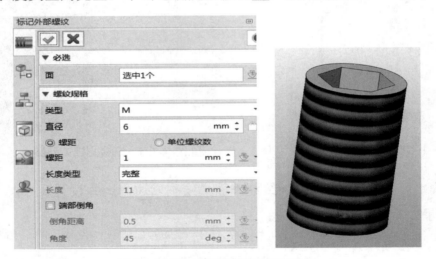

图 5-1-20　螺纹参数设置及效果

（5）单击【倒角】命令，如图 5-1-21 所示，选择倒角位置，执行距离为 0.5mm 的倒角处理，造型效果如图 5-1-22 所示。

图 5-1-21　【倒角】命令

图 5-1-22　GB/T 73—2017 ϕ6×10 内六角锥形螺塞造型效果图

二维建模的操作方法及步骤如下。

（1）打开中望机械 CAD 软件，进入二维界面。

（2）单击【2D 工程图】命令  ，选择默认模板，如图 5-1-23 所示。

图 5-1-23　选择模板

（3）放置零件视图，如图 5-1-24 所示。

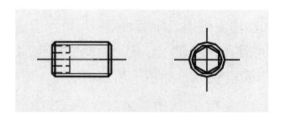

图 5-1-24　放置零件视图

（4）单击【文件】→【保存】菜单命令，对文件进行保存，如图 5-1-25 所示。

图 5-1-25　选择文件格式进行保存

3. 圆锥销（见图 5-1-26）

图 5-1-26　$\phi3\times12$ 圆锥销

GB/T 117—2000 $\phi3\times12$ 圆锥销三维建模的操作方法及步骤如下。

（1）打开中望 3D 软件，新建圆锥销零件类型文件，单击【草图】命令，如图 5-1-27 所示，选择 *XZ* 平面绘制基体草图，如图 5-1-28 所示。

图 5-1-27　【草图】命令

图 5-1-28　草图界面

（2）打开中望机械 CAD 软件，进入二维界面。

（3）单击【出库】命令 📷 或使用快捷键 XL（分别单击 X 键、L 键及空格键），进入零件库。

（4）根据型号，找到相应的圆锥销，如图 5-1-29 所示。

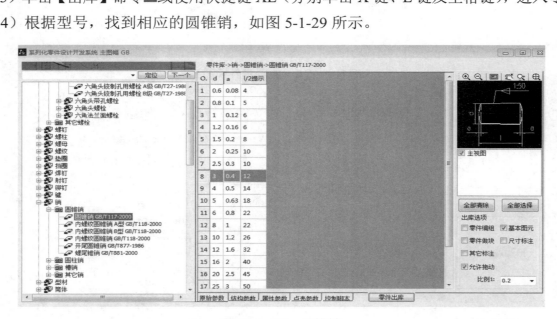

图 5-1-29　圆锥销

（5）单击 零件出库 按钮，导出零件，如图 5-1-30 所示。

图 5-1-30　导出零件

（6）复制导出的零件到之前新建的三维草图中，单击【画线修剪】命令 ，进行草图修剪，如图 5-1-31 所示。

图 5-1-31　画线修剪

进行草图旋转，旋转时选择【区域旋转】按钮 ，选择紫色区域轮廓，单击 Z 轴，单击【确定】按钮 ，旋转过程如图 5-1-32 所示，造型效果如图 5-1-33 所示。

选择该区域轮廓

图 5-1-32　基体旋转

图 5-1-33　GB/T 117—2000 ϕ3×12 圆锥销造型效果图

4. 弹性挡圈（见图 5-1-34）

图 5-1-34　12×1 轴用 A 型弹性挡圈

GB/T 894-2017 12×1 轴用 A 型弹性挡圈三维建模的操作方法及步骤如下。

（1）打开中望 3D 软件，新建弹性挡圈零件类型文件，单击【草图】命令，如图 5-1-35 所示，选择 *XZ* 平面绘制基体草图，如图 5-1-36 所示。

图 5-1-35　【草图】命令

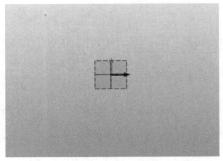

图 5-1-36　草图界面

（2）打开中望机械 CAD 软件，进入二维界面。

（3）单击【出库】命令🔲或使用快捷键 XL（分别单击 X 键、L 键及空格键），进入零件库。

（4）根据型号，找到相应的弹性挡圈，如图 5-1-37 所示。

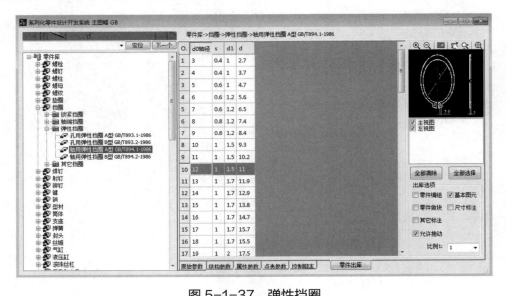

图 5-1-37　弹性挡圈

（5）单击 零件出库 按钮，导出零件，如图 5-1-38 所示。

图 5-1-38　导出零件

（6）复制导出的零件到之前新建的三维草图中，单击【画线修剪】命令 ⿰，进行草图修剪，如图 5-1-39 所示。

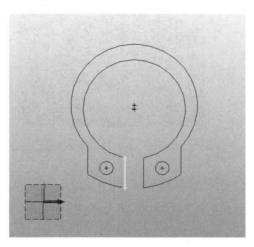

图 5-1-39 画线修剪

进行草图拉伸，拉伸时选择基体拉伸，拉伸类型选择 2 边拉伸，结束点为 1mm，单击【确定】按钮 ✔，拉伸过程如图 5-1-40 所示，造型效果如图 5-1-41 所示。

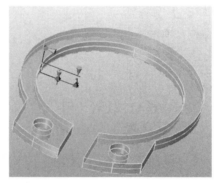

图 5-1-40 基体拉伸

图 5-1-41 GB/T 894-2017 12×1 轴用 A 型弹性挡圈造型效果图

5. 平垫圈（见图 5-1-42）

图 5-1-42　5×1C 级平垫圈

GB/T 95—2002 5×1C 级平垫圈三维建模的操作方法及步骤如下：

（1）打开中望 3D 软件，新建平垫圈零件类型文件，单击【草图】命令，如图 5-1-43 所示，选择 XZ 平面绘制本体草图，如图 5-1-44 所示。

图 5-1-43　【草图】命令

图 5-1-44　草图界面

（2）打开中望机械 CAD 软件，进入二维界面。

（3）单击【出库】命令 或使用快捷键 XL（分别单击 X 键、L 键及空格键），进入零件库。

（4）根据型号，找到相应的平垫圈，如图 5-1-45 所示。

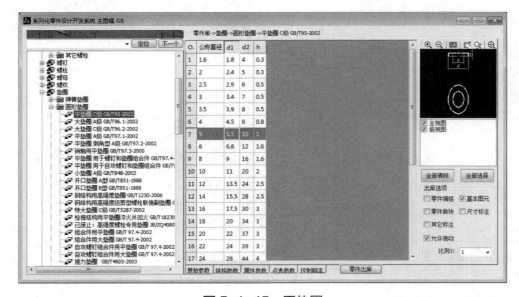

图 5-1-45　平垫圈

（5）单击 [零件出库] 按钮，导出零件，如图 5-1-46 所示。

（6）复制导出的零件到之前新建的三维草图中，单击【画线修剪】命令 🎿，进行草图修剪，如图 5-1-47 所示。

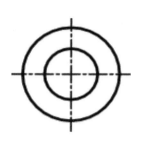

图 5-1-46   导出零件

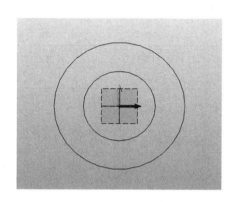

图 5-1-47   画线修剪

进行草图拉伸，拉伸时选择基体拉伸，拉伸类型选择 2 边拉伸，结束点为 1mm，单击【确定】按钮 ✔，如图 5-1-48 所示，效果图如图 5-1-49 所示。

图 5-1-48   基体拉伸图

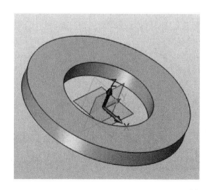

图 5-1-49   GB/T 95—2002 5×1C 级平垫圈造型效果图

任务测评

对任务实施的完成情况进行检查，并将结果填入表 5-1-2。

表 5-1-2　任务测评表

序号	评分内容	评分明细	配分	扣分	得分
1	测量工具的使用（10分）	测量工具使用不正确，每次扣5分，扣完为止	10		
2	标准件建模的完整性（40分）	软件使用不正确，每次扣5分	10		
		建模要素不完整，每项扣2~10分	30		
3	标准件建模要素的正确性（40分）	建模要素不正确，每项扣2~10分	40		
4	安全文明生产（10分）	违反安全文明生产，扣5分	5		
		损坏元器件及仪表，扣5分	5		
5	合　计		100		
6	学习体会				

巩固与提高

试完成蜗杆传动机构中规格 10 的弹簧垫圈、14×1×1.7 轴用弹性挡圈、5×0.6×1 轴用弹性挡圈、M4×12 内六角圆柱头螺钉、M4×10 内六角圆柱头螺钉、M3×5 十字槽盘头螺钉、M3×4 内六角平端紧定螺钉、M3×8 开槽平端紧定螺钉、M10 锁紧螺母等不同参数的标准件绘制。

任务2　绘制蜗杆传动机构其他标准件

学习目标

◇ 知识目标
1. 掌握中望机械 CAD、中望 3D 软件对其他标准件的建模方法、步骤及技巧。
2. 掌握蜗杆传动机构中其他标准件二维、三维建模的方法及步骤。

◇ 能力目标
会使用中望机械 CAD、中望 3D 软件完成蜗杆传动机构中其他标准件的二维、三维建模。

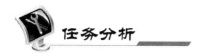

任务分析

本任务是以蜗杆传动机构中的除紧固件以外的标准件——轴承、弹簧、油标为例，完成标准件的测量，以及二维、三维建模。

任务实施

一、任务准备

实施本任务教学所使用的实训设备及工具材料可参考表 5-2-1。

表 5-2-1　实训设备及工具材料

序号	分类	名称	型号规格	数量	单位	备注
1	工具			1	套	
2	设备器材	计算机		1	台	
3		3D 软件	中望 3D 软件	1	套	
4		2D 软件	中望机械 CAD 软件	1	套	

二、其他标准件的二维和三维建模

蜗杆传动机构的装配需要用到轴承、弹簧、油标等其他标准件的二维和三维建模。具体操作步骤如下。

1. 轴承（见图 5-2-1）

图 5-2-1　28×15×7 角接触球轴承

28×15×7 角接触球轴承二维、三维建模的操作方法及步骤如下。

（1）打开中望 3D 软件，新建角接触球轴承零件文件，单击【草图】命令，如图 5-2-2 所示，选择 *XZ* 平面绘制基体草图，如图 5-2-3 所示。

图 5-2-2　【草图】命令

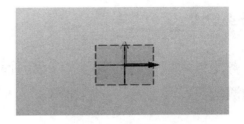

图 5-2-3　草图界面

（2）打开中望机械 CAD 软件，进入二维界面。

（3）单击【出库】命令⚏或使用快捷键 XL（分别单击 X 键、L 键及空格键），进入零件库。

（4）根据型号，找到相应的角接触球轴承，如图 5-2-4 所示。

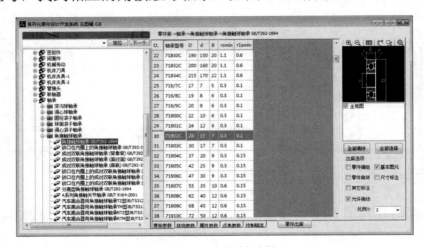

图 5-2-4　角接触球轴承

（5）单击 ⬛零件出库 按钮，导出零件，如图 5-2-5 所示。

（6）复制导出的零件到之前新建的三维草图中，单击【画线修剪】命令 ，进行草图修剪，如图 5-2-6 所示。

　　进行草图旋转，旋转时选择【区域旋转】按钮🔲，选择紫色区域轮廓，单击 X 轴，单击【确定】按钮☑，如图 5-2-7 所示。

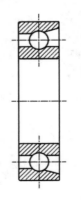

图 5-2-5　导出零件

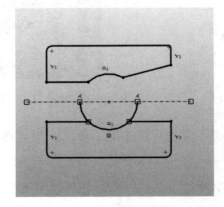

图 5-2-6　划线修剪

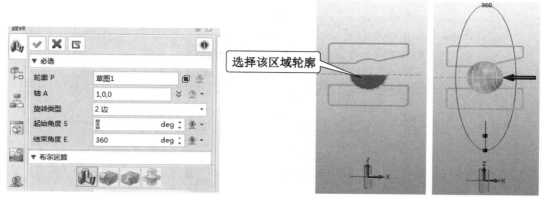

图 5-2-7　基体旋转

（7）单击【阵列几何体】命令，选择基体，数目为 12，角度为 360°/12，单击 X 轴，单击【确定】按钮，效果如图 5-2-8 所示。

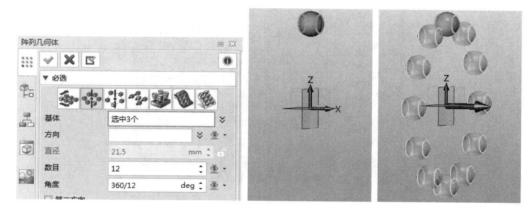

图 5-2-8　阵列几何体

（8）在任务管理器中找到草图，双击草图并旋转，旋转时选择【区域旋转】按钮，选择紫色区域轮廓，单击 X 轴，单击【确定】按钮，旋转过程如图 5-2-9 所示，造型效果如图 5-2-10 所示。

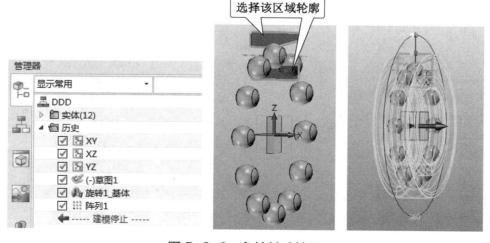

图 5-2-9　角接触球轴承

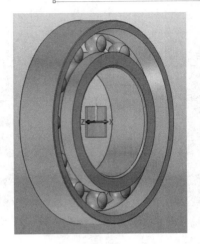

图 5-2-10　角接触球轴承造型效果图

2. 弹簧（见图 5-2-11）

图 5-2-11　0.8×10 圆柱螺旋压缩弹簧

0.8×10 圆柱螺旋压缩弹簧三维建模的操作方法及步骤如下。

（1）打开中望 3D 软件，新建弹簧零件类型文件，单击【草图】命令，如图 5-2-12 所示，选择 XZ 平面绘制基体草图，如图 5-2-13 所示。

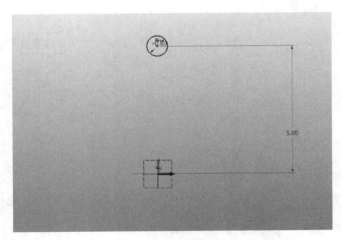

图 5-2-12　【草图】命令

图 5-2-13　绘制草图

（2）进行草图螺旋扫掠，选 X 轴作为旋转方向，扫掠出第一段匝数为 1，距离为 0.8 的弹簧模型，单击【确定】按钮 ✅，如图 5-2-14 所示。

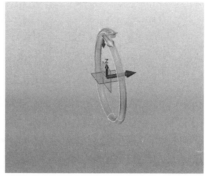

图 5-2-14　第一段螺旋扫掠

进行第二段螺旋扫掠时，选 X 轴作为旋转方向，扫掠匝数为 5，距离为 4.51mm，螺旋扫掠时布尔运算为加运算，单击【确定】按钮 ✅，如图 5-2-15 所示。

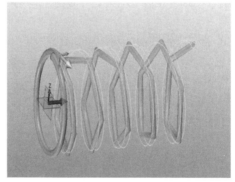

图 5-2-15　第二段螺旋扫掠

最后进行第三段的螺旋扫掠，选 X 轴作为旋转方向，扫掠匝数为 1，距离为 0.8mm，螺旋扫掠时布尔运算为加运算，单击【确定】按钮 ✅，螺旋扫掠过程如图 5-2-16 所示，造型效果如图 5-2-17 所示。

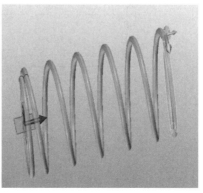

图 5-2-16　第三段螺旋扫掠

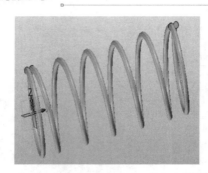

图 5-2-17　圆柱螺旋压缩弹簧造型效果图

弹簧二维建模的操作方法及步骤如下。

（1）打开中望机械 CAD 软件，进入二维界面。

（2）单击【直线】命令▨或使用快捷键 L，随意绘制一条水平线，将绘制的水平线改为中心线，如图 5-2-18 所示。

图 5-2-18　中心线

单击【偏移】命令▨或使用快捷键 O 进行偏移，将绘制的中心线上下偏移各 5mm，如图 5-2-19 所示。

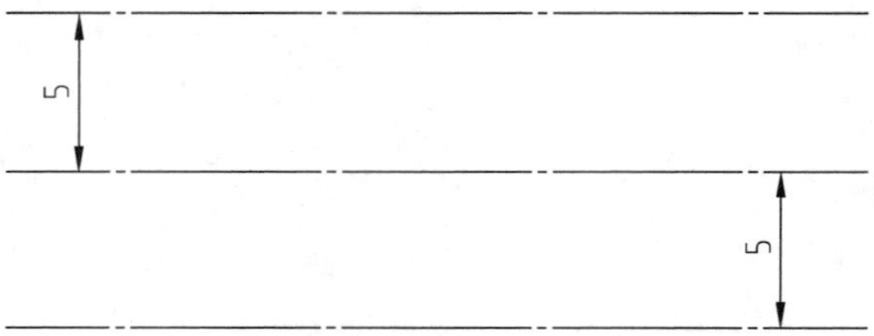

图 5-2-19　中心线上下偏移

绘制一条与水平线相交并垂直的直线，并向右偏移 25mm，如图 5-2-20 所示。

图 5-2-20　绘制垂直线并偏移

（3）将绘制的垂直线向右偏移 0.8mm，随后再以偏移 0.8mm 的线为基准，偏移 4.51mm。在 3 个交点处分别绘制直径为 0.8mm 的圆，并进行修改。同理，绘制出另一侧，如图 5-2-21 所示。

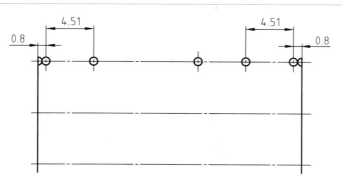

图 5-2-21　确定上半部分圆

按照尺寸，绘制出下半部分圆，如图 5-2-22 所示。

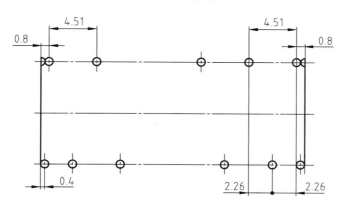

图 5-2-22　绘制下半部分圆

（4）绘制零件图，如图 5-2-23 所示。

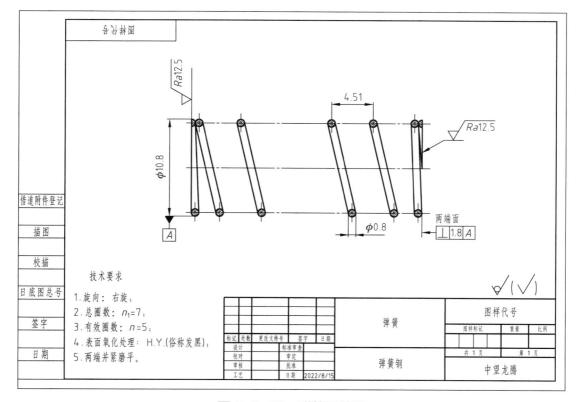

图 5-2-23　弹簧零件图

3. 油标（见图5-2-24）

图 5-2-24　M16×1.5 旋入式圆形油标 A 型

M16×1.5 旋入式圆形油标 A 型三维建模的操作方法及步骤如下。

（1）打开中望 3D 软件，新建旋入式圆形油标零件类型文件，单击【草图】命令，如图 5-2-25 所示，选择 XZ 平面绘制基体草图，如图 5-2-26 所示。

图 5-2-25　【草图】命令

图 5-2-26　草图界面

（2）打开中望机械 CAD 软件，进入二维界面。

（3）单击【出库】命令 圖 或使用快捷键 XL（分别单击 X 键、L 键及空格键），进入零件库。

（4）根据型号，找到相应的油标，如图 5-2-27 所示。

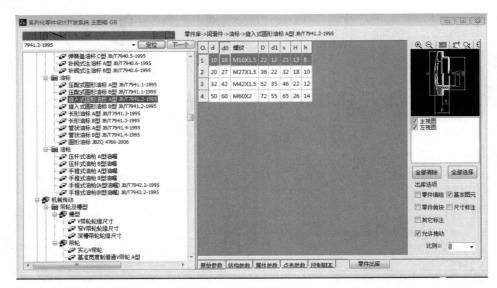

图 5-2-27　旋入式圆形油标

（5）单击 [零件出库] 按钮，导出零件，如图 5-2-28 所示。

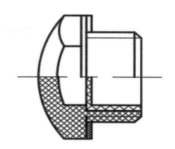

图 5-2-28　导出零件

（6）复制导出的零件到之前新建的三维草图中，单击【画线修剪】命令 画线修剪，进行草图修剪，如图 5-2-29 所示。

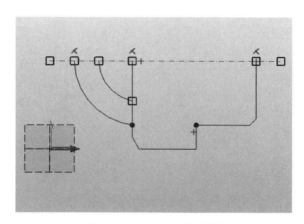

图 5-2-29　画线修剪

进行草图旋转，旋转时选择【区域旋转】按钮，选择紫色区域轮廓，单击 X 轴，单击【确定】按钮，如图 5-2-30 所示。

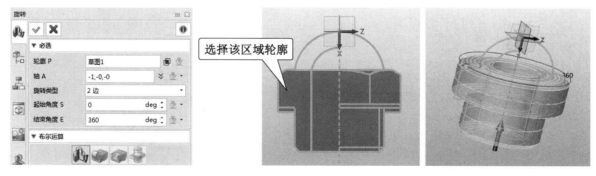

图 5-2-30　基体旋转

（7）选择如图 5-2-31 所示平面为绘图平面，绘制六边形，并设置尺寸，完成草图，效果如图 5-2-32 所示。

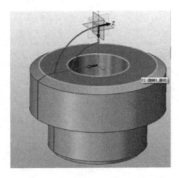

图 5-2-31　选择绘图平面

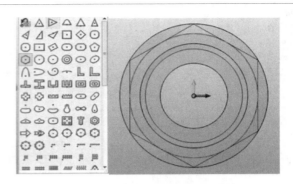

图 5-2-32　绘制六边形

（8）退出草图，单击【拉伸】命令，选择 1 边拉伸，起始点为 0mm，结束点为 -30 mm，布尔运算选择交运算，如图 5-2-33 所示。

图 5-2-33　六边形草图拉伸

（9）单击【标记外部螺纹】命令 ，螺纹类型为 M，直径为 16mm，螺距为 1.5mm，长度类型为完整，参数设置如图 5-2-34 所示，单击【确定】按钮 ，螺纹效果如图 5-2-34 所示。

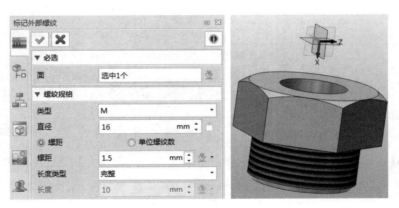

图 5-2-34　螺纹参数设置

进行草图旋转，旋转时选择【区域旋转】按钮 ，选择紫色区域轮廓，单击 X 轴，单击【确定】按钮 ，旋转过程如图 5-2-35 所示，造型效果如图 5-2-36 所示。

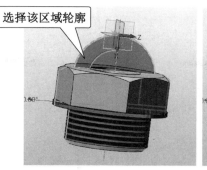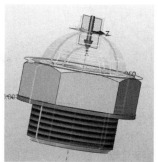

选择该区域轮廓

图 5-2-35　基体旋转

图 5-2-36　旋入式圆形油标造型效果图

对任务实施的完成情况进行检查，并将结果填入表 5-2-2。

表 5-2-2　任务测评表

序号	评分内容	评分明细	配分	扣分	得分
1	测量工具的使用（10 分）	测量工具使用不正确，每次扣 5 分，扣完为止	10		
2	标准件建模的完整性（40 分）	软件使用不正确，每次扣 5 分	10		
		建模要素不完整，每项扣 2~10 分	30		
3	标准件建模要素的正确(40分)	建模要素不正确，每项扣 2~10 分	40		
4	安全文明生产（10 分）	违反安全文明生产，扣 5 分	5		
		损坏元器件及仪表，扣 5 分	5		
5	合　计		100		
6	学习体会				

试完成蜗杆传动机构中型号为 4×4×8、5×5×10 的两种平键的标准件绘制。

项目 6　三维装配与仿真动画

任务 1　蜗杆传动机构三维装配

学习目标

◇ 知识目标

　　1. 掌握中望 3D 软件中零件装配的方法、步骤及技巧。

　　2. 掌握蜗杆传动机构的三维装配的方法及步骤。

◇ 能力目标

　　会使用中望 3D 软件完成蜗杆传动机构的三维装配。

任务分析

　　本次任务是通过学习，掌握三维建模系统中装配的操作方法及步骤；能使用中望 3D 软件完成如图 6-1-1 所示的蜗杆传动机构的三维装配。

　　装配和约束是中望 3D 软件中的主要内容之一，它将所有需要组装的零件按照一定的相互位置关系装配起来，并按预期的传动关系进行运动。本任务将以蜗杆传动机构（见图 6-1-1）为例，详细介绍使用中望 3D 软件进行装配及约束操作的方法，使软件操作者能迅速地掌握软件的使用方法，快速提升操作者的三维装配水平。通过此机构的装配了解该类型零件的装配方法，以达到触类旁通的效果。

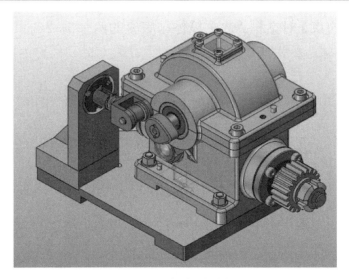

图 6-1-1　蜗杆传动机构

任务实施

（1）在【装配】工具栏中单击【插入】命令 ，如图 6-1-2 所示。选择底座零件，在【插入】对话框中单击【固定组件】复选框，然后在【位置】文本框中输入 0，单击【确定】按钮 ✓，如图 6-1-3 所示。

图 6-1-2　【插入】命令

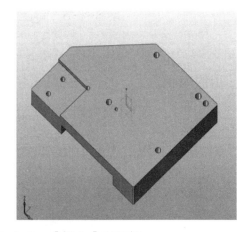

图 6-1-3　【插入】对话框

（2）单击【插入】命令 ，选择箱体，放置在靠近底座位置。单击【约束】命令 ，如图 6-1-4 所示出现【约束】对话框。选中箱体与底座的两个需要约束的孔，如图 6-1-5 所示，选择【同心约束】选项◎，单击【确定】按钮✓。

图 6-1-4 【约束】对话框

 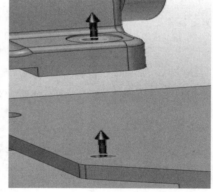

图 6-1-5 同心约束

（3）选中底座和箱体对角的两个孔，如图 6-1-6 所示，选择【同心约束】选项◎，单击【确定】按钮✓。（与上一步约束相同。）

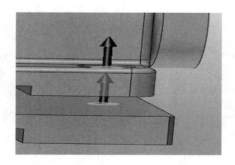

图 6-1-6 对角孔同心约束

（4）选中箱体和底座要面对面接触的两个面，如图 6-1-7 所示，选择【重合约束】⊕选项，单击【确定】按钮☑。

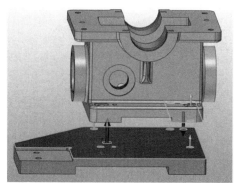

图 6-1-7　重合约束界面

（5）选中如图 6-1-8 所示的两个面，选择【平行约束】选项∥，单击【确定】按钮☑。

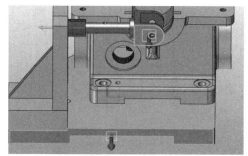

图 6-1-8　平行约束

（6）选中凸轮和滑轮需要接触的两个面，如图 6-1-9 所示，选择【相切约束】选项◎，单击【确定】按钮☑。

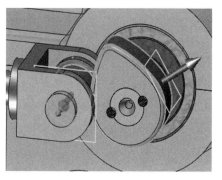

图 6-1-9　相切约束

（7）右击箱体和箱盖，选择隐藏命令，如图6-1-10所示，单击【机械约束】命令 ，如图6-1-11所示。

图6-1-10　机械约束

图6-1-11　【机械约束】命令

（8）选中蜗轮和蜗杆轴的两个面，如图6-1-12所示。单击【机械约束】命令 ，选择【啮合约束】选项，选择齿数：齿数1为蜗轮齿数；齿数2为蜗杆轴头数，如图6-1-13所示。

图6-1-12　啮合约束

图6-1-13　设置啮合约束参数

相关知识

1．插入

插入功能是将一个现有的零件或装配体插入到当前装配中，新插入的组件将成为当前装配节点的子零件或子装配。

单击【装配】工具栏中的【插入】命令 ，弹出【插入】对话框，可选择【从现有文件插入】或【从新建文件插入】选项。在列表中找到要插入的组件，双击零件名称并选择合适的坐标完成插入零件。可在选项中打开【预览】显示零件图像，如图6-1-14所示。

图 6-1-14　插入对话框

勾选【固定组件】复选框，插入组件后，该零件将被直接固定在当前位置。不选择【固定组件】复选框，选择【插入后对齐】选项，插入组件后直接进入约束界面，如图 6-1-15 所示。

图 6-1-15　固定组件和插入后对齐

2．固定浮动组件

选择零件右击，在弹出的快捷菜单中选择【固定/浮动】命令。一般情况下一个装配体设置一个组件固定即可，其他组件以该固定组件为基础进行对齐约束即可。

3．装配约束

单击【约束】命令选择两个实体的线或面进行约束。常用的装配约束类型有重合、相切、同心、平行、垂直、角度、锁定、距离、置中、对称、坐标等，如图 6-1-16 所示。

图 6-1-16 【约束】对话框

重合约束：用于实体面面贴合。可使两个实体的两个平面重合并且朝向相反， 也可以使其他对象重合，如直线与直线重合。

相切约束：用于实体线面、面面之间的相切。可使两个实体实现相切。

同心约束：用于约束两个实体同心。可使两个圆柱体中心轴线重合。

平行约束：用于约束两个实体的方向矢量彼此平行。可使两个实体的两个平面平行并且朝向相同，也可以使其他对象平行，如直线与直线平行。

垂直约束：用于约束两个实体的方向矢量彼此垂直。

角度约束：用于在两个实体之间定义角度尺寸。用于约束相配组件到正确的角度方位上。

锁定约束：用于约束组件锁定在某一位置。一般用于完全固定组件。

距离约束：用于两个实体之间定义距离尺寸。可使两个装配部件中的两个平面保持一定的距离，可以直接输入距离值。

置中约束：用于约束一个基础实体在另一实体的中心位置。

对称约束：用于约束两个实体相对一个平面对称。

坐标约束：用于约束两个实体的任意两个基准面重合。通过两个实体的基准面进行约束，插入时勾选【显示基准面】复选框。

4．机械约束

完成零件几何约束后，需要进行运动约束。单击【机械约束】命令，弹出【机械约束】对话框，常用的机械约束类型有齿轮啮合、螺旋等，如图 6-1-17 所示。

齿轮啮合约束：选择该选项后，选中【齿数】选项，输入两齿轮齿数；单击【确定】

按钮 ✓ 完成齿轮啮合，如图 6-1-18 所示。

图 6-1-17　【机械约束】对话框

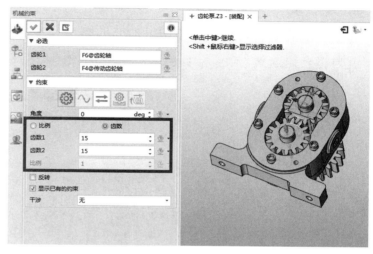

图 6-1-18　齿轮啮合约束

螺旋约束 ⊞：选中【转数/距离】选项，输入数值，单击【确定】按钮 ✓，完成螺旋约束，如图 6-1-19 所示。

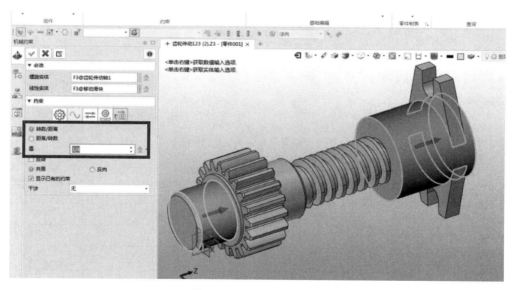

图 6-1-19　螺旋约束

5. 干涉检查

单击【干涉检查】命令，系统将进行干涉检查，检查是不是有零件重合，并将结果列在下方的对应列表中。勾选后图像显示红色，可进行合理修改，命令如图 6-1-20 所示。

图 6-1-20 【干涉检查】命令

6．过约束

进行装配约束时，约束重复或冲突（即添加约束画蛇添足或自相矛盾），将不可再添加约束，否则将会引起过约束。约束列表如图 6-1-21 所示。

图 6-1-21 约束列表

任务测评

对任务实施的完成情况进行检查，并将结果填入表 6-1-1。

表 6-1-1 任务测评表

序号	评分内容	评分明细	配分	扣分	得分
1	装配零件完整性（20分）	装配零件完整，缺一个零件扣2分，扣完为止	20		
2	装配关系正确性（20分）	装配关系正确，错一处扣1分，扣完为止	20		
3	零件约束关系正确性（40分）	零件约束关系正确，错一处扣1分，扣完为止	40		
4	运动关系准确性（10分）	能按轨迹正常反复运动，无干涉、卡滞，干涉、卡滞每处扣2分，无法实现传动扣10分	10		
5	安全文明生产（10分）	违反安全文明生产，扣5分	5		
		损坏元器件及仪表，扣5分	5		
6	合　计		100		
7	学习体会				

巩固与提高

　　如图 6-1-22 所示零件是蜗杆传动机构，请根据零件爆炸图，按照上述装配方法进行标准件的装配约束。

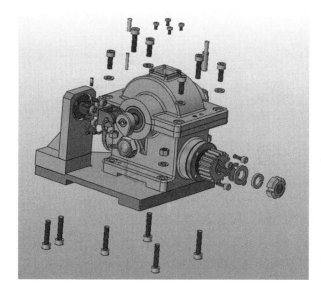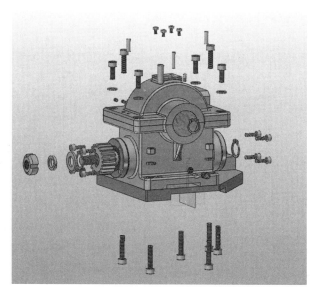

图 6-1-22　蜗杆传动机构标准件爆炸图

任务 2　蜗杆传动机构仿真动画

学习目标

　　◇ 知识目标

　　　1. 掌握中望 3D 软件中动画制作的方法、步骤及技巧。

　　　2. 掌握蜗杆传动机构的动画制作的方法及步骤。

　　◇ 能力目标

　　　会使用中望 3D 软件完成蜗杆传动机构的动画制作。

任务分析

　　中望 3D 软件的动画制作是软件的功能之一，它可以使零件在每一个时间点赋予组件不同的位置关系，同时也能在各个时间点上通过相机位置记录组件的不同方位，最终系统将这些时间点的动作按顺序连贯起来，即形成完整的动画效果，如图 6-2-1 所示。通过本任务可以掌握动画制作的详细过程。本任务理论学习和实际操作并重，结合实例、图解，快速提升操作者的动画制作能力。

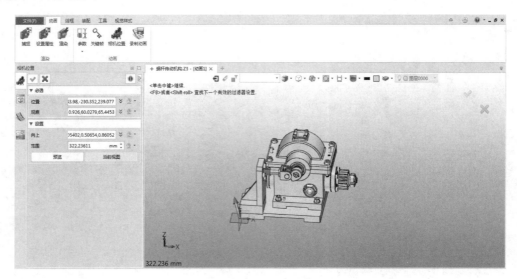

图 6-2-1　动画制作

 任务实施

（1）打开名称为蜗杆传动机构的零件，如图 6-2-2 所示。

图 6-2-2　打开机构装配体

（2）新建动画，设置时间为 0:00 秒，名称为动画 1，如图 6-2-3 所示。

图 6-2-3　【新建动画】对话框

（3）进入动画制作环境，把零件拖曳至进场位置（位置自定），如图 6-2-4 所示。

图 6-2-4　拖曳零件至进场位置

（4）单击【相机位置】命令，选择当前视图，单击【确定】按钮 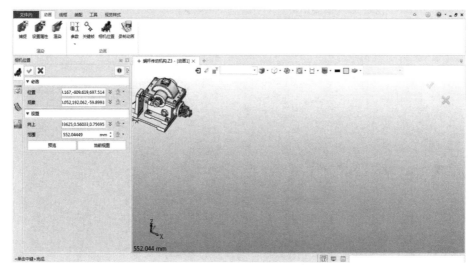，如图 6-2-5 所示。

图 6-2-5　选择当前视图

（5）新建关键帧，时间为 0:03 秒，如图 6-2-6 所示。

图 6-2-6　新建关键帧

（6）把零件拖曳至画面中央，如图 6-2-7 所示。

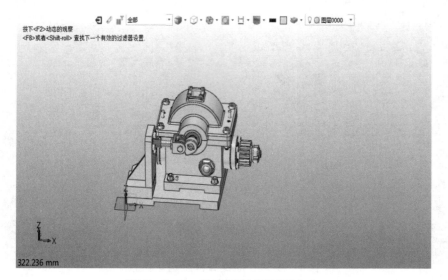

图 6-2-7　拖曳零件至画面中央

（7）设置相机位置，选择当前视图，单击【确定】按钮，如图 6-2-8 所示。

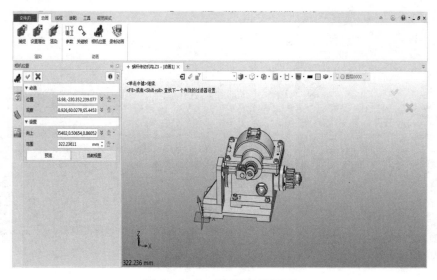

图 6-2-8　选择当前视图

（8）单击 ⏮ 按钮到动画开始位置检查制作的动画，如图 6-2-9 所示。

图 6-2-9　到动画开始位置

（9）为了更清楚的表达内部结构运动，将箱盖隐藏，如图 6-2-10 所示。

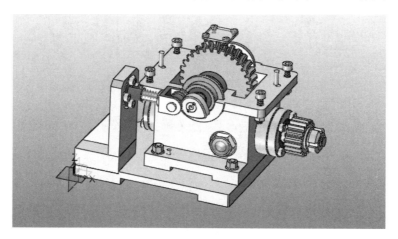

图 6-2-10　隐藏箱盖

（10）设置新的关键帧，时间设置为 0:04 秒，如图 6-2-11 所示。

图 6-2-11　设置新关键帧

（11）在【装配】工具栏中，单击【拖拽】命令，如图 6-2-12 所示。

图 6-2-12 【拖拽】命令

（12）选择需要拖曳的零件"凸轮"，然后旋转一周，如图 6-2-13 所示。

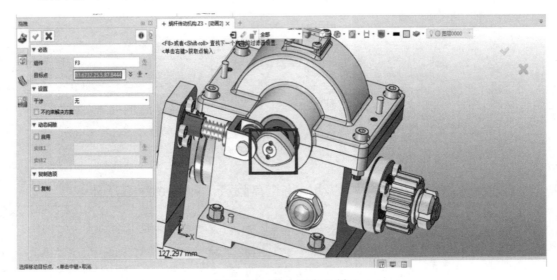

图 6-2-13 拖曳凸轮

（13）设置相机位置，选择当前视图，单击【确定】按钮，如图 6-2-14 所示。

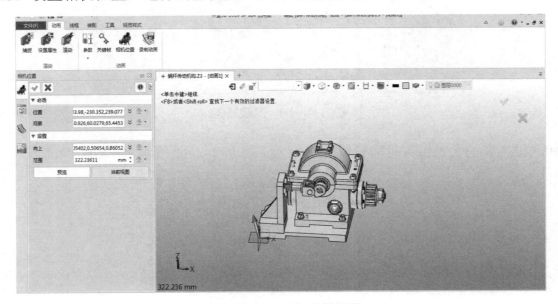

图 6-2-14 选择当前视图

（14）再次设置关键帧，时间为 0:06 秒，如图 6-2-15 所示。

图 6-2-15 再次设置关键帧

（15）把零件拖曳到出场的位置，位置自行合理设置，如图 6-2-16 所示。

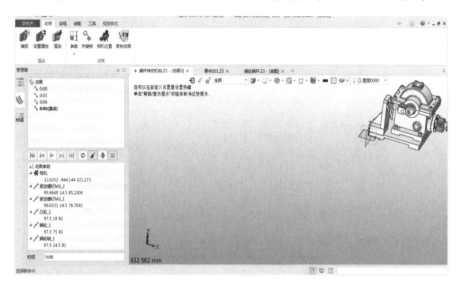

图 6-2-16 拖曳零件到出场位置

（16）最后设置相机位置，选择当前视图，单击【确定】按钮 ，如图 6-2-17 所示。

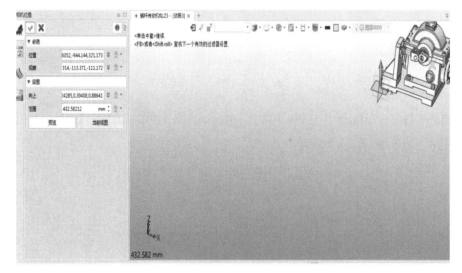

图 6-2-17 选择当前视图

（17）使用播放动画中的【检查干涉】命令，播放动画，如图 6-2-18 所示。如果零件有干涉，则会在此零件上出现黑点。

图 6-2-18　【检查干涉】命令

（18）生成动画后，单击【录制动画】命令 ，保存成 AVI 格式，如图 6-2-19 所示。

图 6-2-19　保存动画

 相关知识

1. 新建动画

输入总的动画时间（m:ss）"分钟：秒"，输入动画名称，单击【确定】按钮 创建一个新的动画，如图 6-2-20 所示。

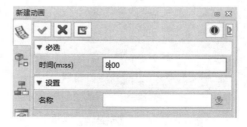

图 6-2-20　【新建动画】对话框

2. 参数

使用添加参数会显示装配中的所有可编辑参数。注意当添加一个参数时，如果没有任何关键帧，则会自动在当前动画时间创建一个关键帧。

3. 关键帧

关键帧，顾名思义，是动画中的一个重要的帧。关键帧定义了当赋予动画参数确切值时该动画所处的时间。从一个关键帧到另一个关键帧之间参数值呈线性变化。

4. 相机位置

相机位置可通过在动画的关键帧处改变相机位置，拍摄关键帧位置照片，为动画的视点设定相应动作，呈现"飞越"的动画效果，创建复杂或简单的动画。

 任务测评

对任务实施的完成情况进行检查，并将结果填入表 6-2-1。

表 6-2-1 任务测评表

序号	评分内容	评分明细	配分	扣分	得分
1	相机位置合理性（20 分）	相机离零件位置合理，零件清晰	20		
	关键帧选择合理性（20 分）	选择的是运动关键点，运动表达清晰	20		
3	参数设置准确性（40 分）	参数设置准确，运动轨迹合理	40		
4	时间设置合理性（10 分）	时间设置合理	10		
5	安全文明生产（10 分）	违反安全文明生产，扣 5 分	5		
		损坏元器件及仪表，扣 5 分	5		
6	合 计		100		
7	学习体会				

 巩固与提高

如图 6-2-21 所示为蜗杆传动机构，仔细观察零件运动原理选择最适合自己的方式完成零件的动画。

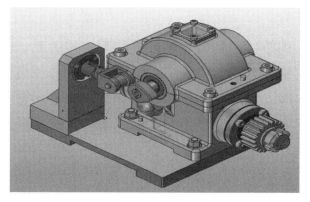

图 6-2-21 蜗杆传动机构

项目 **7** 绘制二维装配图

任务 绘制蜗杆传动机构二维装配图

学习目标

◇ 知识目标

1. 掌握三维装配转二维装配图的方法、步骤及技巧。

2. 掌握装配图视图的选择及表达。

3. 掌握五大类尺寸标注和技术要求、序号、标题栏、明细栏的填写。

◇ 能力目标

能够使用中望机械 CAD 软件正确绘制蜗杆传动机构的二维装配图。

二维装配图是表达机构整体结构、各零部件装配连接关系、工作原理的图样，需要标注出必要的五大类尺寸（规格尺寸、装配尺寸、外形尺寸、安装尺寸、其他重要尺寸）、装配技术要求、零部件序号、标题栏与明细栏等内容。本任务依托中望机械 CAD 软件，通过绘制蜗杆传动机构装配图，如图 7-1-1 所示，结合实例、图解，快速提升操作者绘制二维装配图的水平。

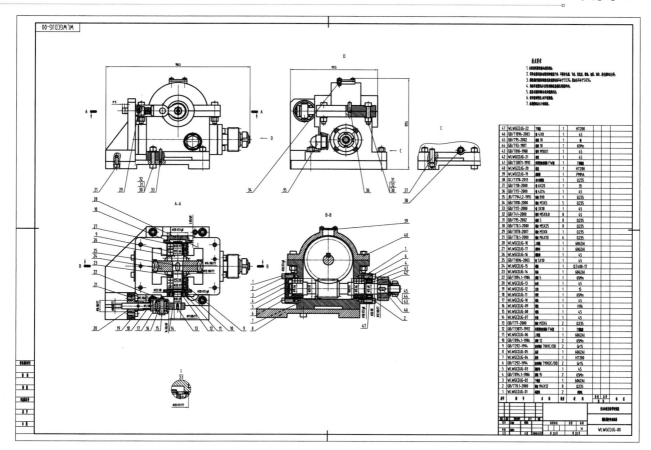

图 7-1-1　蜗杆传动机构装配图

任务实施

一、任务准备

实施本任务所使用的实训设备及工具材料参考表 7-1-1。

表 7-1-1　实训设备及工具材料

序号	分类	名称	型号规格	数量	单位	备注
1	设备	计算机		1	台	
2	器材	软件	中望 3D 软件、中望机械 CAD 软件	1	套	

二、绘制蜗杆传动机构的二维装配图

蜗杆传动机构二维装配图的绘制按照导出工程图图纸、CAD 软件绘制工程图、虚拟打印三个步骤进行。

1. 三维模型导出二维工程图

（1）打开蜗杆传动机构的三维装配文件，右击绘图区空白处，在弹出的快捷菜单中选择【2D 工程图】选项（见图 7-1-2），进入二维工程图界面，弹出【选择模板】对话框，选择"A1_H

（GB）（国标 A1 图幅），如图 7-1-3 所示，单击【确认】按钮进入工程图界面。单击【布局】命令，注意选择第一视角投影，如图 7-1-4 所示，通过视图布局投影出所需的前视图、俯视图、左视图和后视图，如图 7-1-5 所示。

 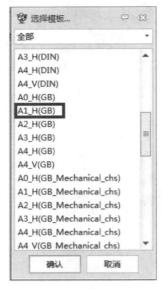 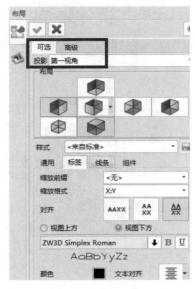

图 7-1-2　右键快捷菜单　　图 7-1-3　【选择模板】对话框　　图 7-1-4　选择第一视角投影

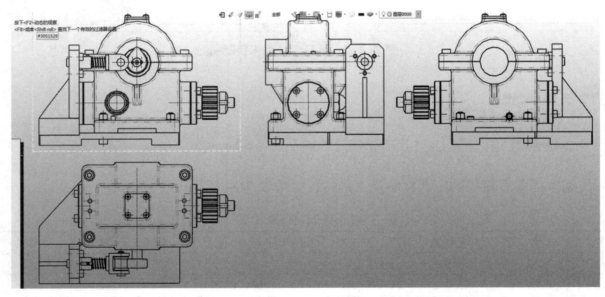

图 7-1-5　视图布局

提示：根据以下两点提示设置，可减少一些干扰线条的显示。

① 在【布局】对话框中，单击【通用】选项卡，单击【显示消隐线】选项，将隐藏消隐线，如图 7-1-6 所示。

② 在【布局】对话框中，单击【线条】选项卡，将【切线】【消隐切线】选项的【线型】设置为忽略，如图 7-1-7 所示。

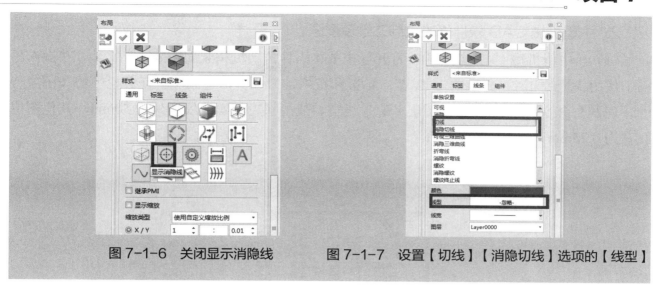

图 7-1-6　关闭显示消隐线　　　　图 7-1-7　设置【切线】【消隐切线】选项的【线型】

（2）通过视图中的【全剖视图】命令🔧全剖视图、、【局部剖】命令📋局部剖 对投影的视图进行剖切来表达机构的内部结构，结果如图 7-1-8 所示。

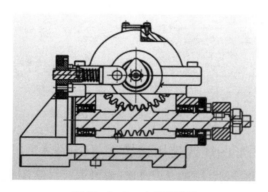

图 7-1-8　剖切视图

（3）单击【文件】→【输出】菜单命令，如图 7-1-9 所示，将修改好的二维工程图导出为"蜗杆传动机构装配图.dwg"格式的二维工程图文件，如图 7-1-10 所示。

图 7-1-9　文件输出　　　　　　　图 7-1-10　输出".dwg"格式文件

2. 中望机械 CAD 软件修改绘制二维装配图

（1）在中望机械 CAD 软件中，打开导出的"蜗杆传动机构装配图.dwg"文件，在操作界面中使用快捷键 LA（分别单击 L 键、A 键和空格键）或单击【图层】任务栏中的【图层特性管理器】命令 ，修改各个图层名称、线宽、线型（轮廓实线线宽为 0.50mm，其他图层线宽为0.25mm），如图 7-1-11 所示。

图 7-1-11　图层特性管理器

（2）框选要修改的全部图形图线或使用快捷键"Ctrl＋A"（同时单击 Ctrl 键和 A 键），然后输入 1，按空格键，将所有图形图线改为"1 粗实线层"。使用快捷键 QSE（分别单击 Q 键、S 键、E 键和空格键）或在操作界面中右击，选择【快速选择】选项，如图 7-1-12 所示。

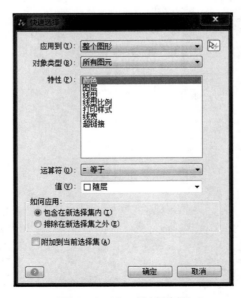

图 7-1-12　快速选择

提示：

快捷刷线型方法：

① 选择【颜色】值为"随层"，将图线改成 5 剖面线层。

② 选择【线宽】值为"0.05"，将图线改为 2 细实线层。

③ 选择【线型】值为"DASHEDDOT2X"，将图线改为 3 中心线层。

（3）框选全部图形图线（快捷操作"Ctrl+A"），将【颜色控制】【线型控制】【线宽控制】全部改为随层，如图 7-1-13 所示。

图 7-1-13　修改属性栏为随层

（4）按照机械制图装配图国标 GB/T 4458.2—2003《机械制图　装配图中零、部件序号及其编排方法》的绘制标准修改装配图螺纹连接画法、轴承画法、蜗轮蜗杆啮合画法等细节部分，如图 7-1-14 所示。

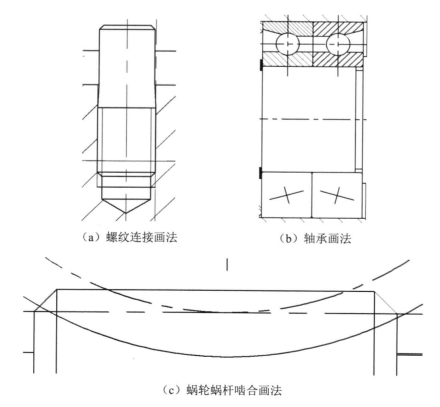

（a）螺纹连接画法　　　　　　　（b）轴承画法

（c）蜗轮蜗杆啮合画法

图 7-1-14　修改二维装配图细节

（5）在操作界面命令行中输入图幅设置快捷键 TF，弹出【图幅设置】对话框，标题栏选择标题栏-1，如图 7-1-15 所示。通过修改图幅大小与比例，选取合适的图幅，蜗杆传动机构装配图选择的是 A1 图幅，绘图比例为 1:1，最后填写标题栏的内容。

图 7-1-15　添加图幅

（6）在操作界面命令行中输入剖切快捷键 PQ，添加视图剖切符号，如图 7-1-16 所示。在菜单栏中单击【机械】→【创建视图】→【方向符号】菜单命令，如图 7-1-17 所示，弹出【向视图符号】对话框，如图 7-1-18 所示，单击【设置】按钮后进入【向视图符号设置】对话框，可以对方向符号进行设置，如图 7-1-19 所示。

图 7-1-16　剖切符号

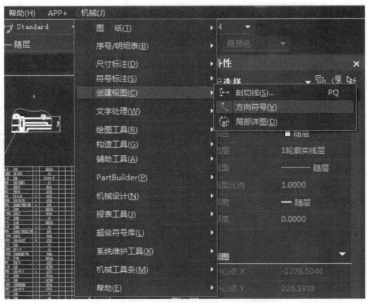

图 7-1-17　创建视图方向符号

图 7-1-18 【视图符号】对话框

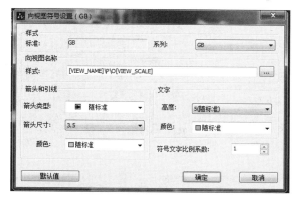

图 7-1-19 【向视图符号设置】对话框

（7）在操作界面中输入快捷键 D，进行尺寸标注，标注装配图所需要的五大类尺寸，添加所需要的配合和公差（配合类型选择堆叠或线性、公差类型选择对称），如图 7-1-20 所示。

（a）增强尺寸标注

（b）配合类型

图 7-1-20 尺寸标注

（8）在操作界面中输入快捷键 XH，进行序号引线，选择直线型，如图 7-1-21 所示。特别注意序号按照顺时针或逆时针顺序布置，引线尽量避免或不要与各尺寸线重合，如图 7-1-22 所示。

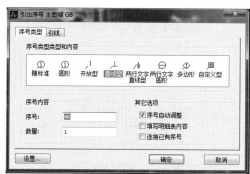

图 7-1-21 【引出序号】对话框

💡 **提示：**

① 装配图中所有的零、部件都必须标注序号，规格相同的零件只编一个序号，标准化组件如滚动轴承、螺钉等，可看作一个整体编注一个序号。

② 装配图中零件序号应与明细栏中的序号一致。

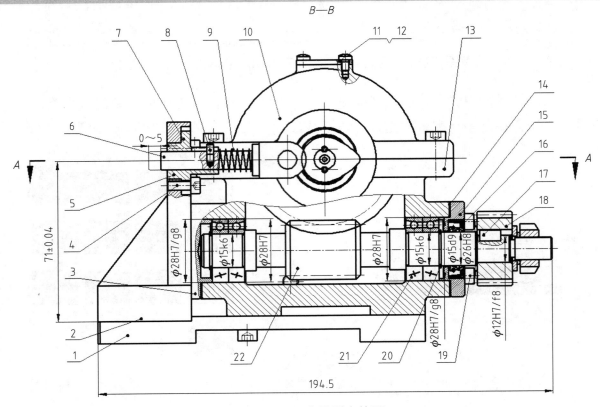

图 7-1-22　序号引出位置

（9）在操作界面中输入明细表快捷键 **MX**，插入明细表，明细表的列数及名称由模板决定，行数由装配体所需全部零部件和标准件种类数量决定，可最后加一空行以备增加修改，高度选取美观、合理即可，如图 7-1-23 所示。

序号	图号	名称	数量	材料	单件 总计 重量	备注
9	GB/T2089-1994	圆柱螺旋压缩弹簧	1	65Mn		
8	GB/T878-2007	螺钉 M3X8	1	Q235		
7	WLWGCDJG-07	套筒	1	45		
6	WLWGCDJG-06	滑块	1	45		
5	WLWGCDJG-04	轴套	1	H96		
4	GB/T 70.1-2008	螺钉M4×10	5	Q235		
3	WLWGCDJG-23	下端盖	1	6062AL		
2	WLWGCDJG-08	支座	1	15		
1	WLWGCDJG-21	底座	1	6062AL		

图 7-1-23　明细表

双击明细表表头，填写明细表的"图号""名称""数量""材料"（其中特别注意，特殊零件如螺钉、齿轮等规格按照国标（GB）标注填写在名称后），如图 7-1-24 所示。

^	序号	图号	名称	数量	材料	单重	总重	备注	零件类型
📎1	1	WLWGCDJG-01	上通盖	1	6062Al ▾				▾

图 7-1-24　明细栏

（10）在操作界面命令行中输入快捷键 TJ 或 Y，插入技术要求。写入合理的装配图技术要求，必须要有所绘机构的工作原理与检测要求，本任务绘制的是蜗杆传动机构，所以要填写润滑油的更换添加情况等一系列的技术要求，如图 7-1-25 所示。

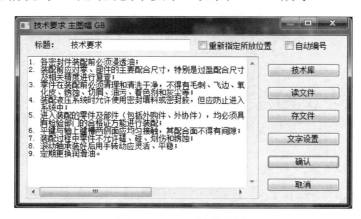

图 7-1-25　技术要求

3. 图纸输出与保存

（1）虚拟打印装配图为 PDF 格式文档，文件后缀为".pdf"，保存到指定的文件夹内。按快捷键 Ctrl＋P 或输入快捷键 PLOT 打开【打印】界面，设置如图 7-1-26 所示。

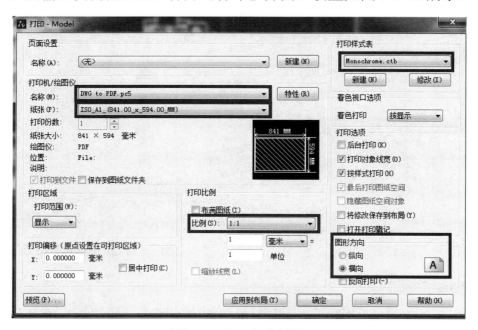

图 7-1-26　打印设置

① 正确选择虚拟打印机，打印机"名称"选择"DWG to PDF.pc5"。

② 纸张选择和装配图一致，蜗杆传动机构装配图选择"ISO_A1_（841.00_x_594.00_MM）"。

③ 打印比例选择 1:1。

④ 打印样式选择"Monochrome.ctd"，单色打印。

⑤ 右下角图形方向选择"纵向"或"横向"，这里蜗杆传动机构装配图选择"横向"。

提示：将打印边界设置为 0，方法如下。

选择虚拟打印机后，单击【特性】按钮，进入【绘图仪配置编辑器】对话框，选择【修改标准图纸尺寸（可打印区域）】选项，在【修改标准图纸尺寸】选项中选择相应大小的图纸，单击【修改】按钮，进入【自定义图纸尺寸】对话框，单击【可打印区域】选项卡，将图纸的【上】【下】【左】【右】边界设为零，单击【下一步】按钮，完成打印边界的设置，如图 7-1-27 所示。

（2）保存图纸为 PDF 格式。

虚拟打印设置完成后，在【打印】选项卡中单击【确定】按钮，进入【浏览打印文件】对话框，修改文件名（注意，"Model"后缀要删除），选择文件要保存的位置，单击【保存】按钮，完成图纸的 PDF 格式输出（虚拟打印），如图 7-1-28 所示。

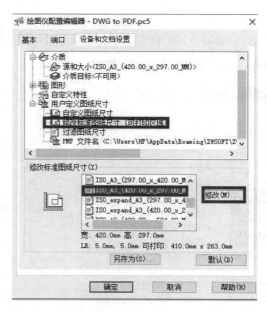

图 7-1-27 边界设置

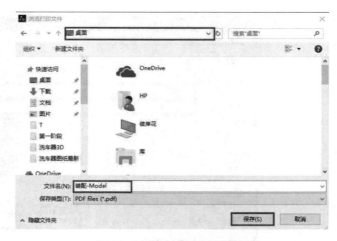

图 7-1-28 保存虚拟打印

4. 完成二维装配图

双击打开保存的 PDF 格式图纸，此图为最终完成的图纸，如图 7-1-29 所示。

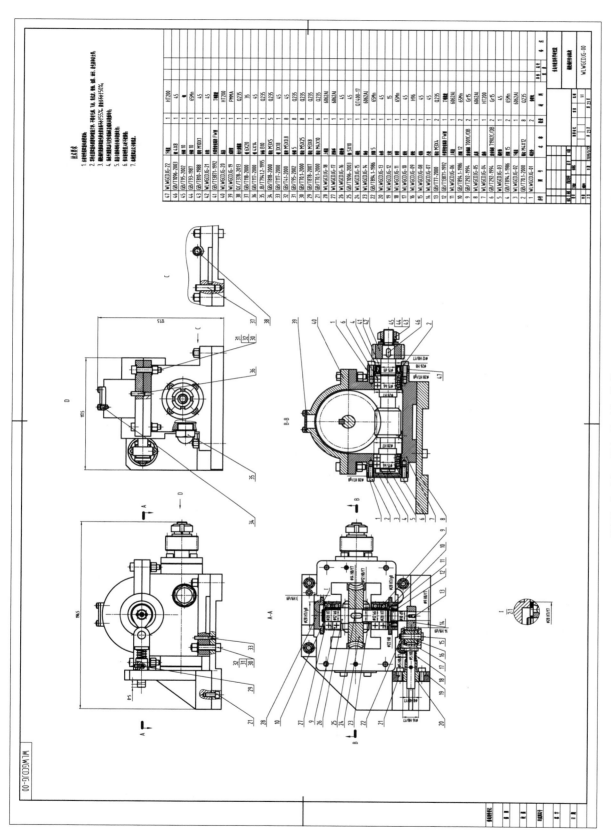

图 7-1-29　蜗杆传动机构装配图

相关知识

1. 装配图的视图表达

（1）主视图的选择：部件的放置位置应尽量与工作位置一致，主视图以表达部件的工作原理和主要装配关系为重点，且采用适当的剖视。

（2）其他视图的选择：根据确定的主视图，选取能反映尚未表达清楚的其他装配关系、外形及局部结构的视图，并选取适当的剖视表达各零件的内在关系。根据部件的结构特点，在选用各种方案时，应同时确定视图数量，以完整、清晰表达部件的装配关系和全部结构为前提，尽量采用最少的视图。

2. 装配图的规定画法

（1）规定画法：接触面与配合面中间需绘制一条轮廓线，无论间隙大小，均要画成一条轮廓线；装配图中剖切位置不清楚也需添加剖切符号；对于紧固件、标准件及轴、球、手柄等实心零件，纵向剖切平面通过其对称平面或轴线时，按照不剖切绘制，如需表明凹槽、键槽、销孔等微小结构，可用局部视图表明。

（2）特殊画法：为表达一些重要零件的内、外部形状，可假想拆去一个或几个零件后绘制视图（拆卸画法）；为表达与本部件存在装配关系但又不属于本部件的零件，可在装配图中用双点画线画出零件的部分轮廓，运动范围或极限位置也可用双点画线绘制（假想画法）；某个零件的主要结构在其他视图中未能清楚表达，而该零件的形状对其部件工作原理和装配关系有十分重要的作用时，可单独画出零件某一视图（单独表达某零件的画法）；若干相同零件，可详细画出一组，其余用点画线表达位置即可，包括某些标准件的简化画法，如轴承等，零件工艺结构，如倒角、圆角、退刀槽等均可不画（简化画法）；装配图中某些间隙很小，尺寸很薄的圆环、弹簧、锥销等，若按实际尺寸绘制不明显可使用放大手法绘制出局部放大视图（夸大画法）；为表达部件机构的传动路线及其各轴间装配关系，可按传动顺序沿轴线剖开，将其展开绘制（展开画法）。

3. 装配图的尺寸标注（五大类尺寸）

（1）特征尺寸：表示装配体的性能或规格的尺寸。

（2）装配尺寸：与装配体质量有关的尺寸。配合尺寸，表示两零件之间配合性质的尺寸，一般用配合代号标出；相对位置尺寸，表示相关联的零件或部件之间较重要的相对位置尺寸。

（3）安装尺寸：将装配体安装到其他部件或地基、工作台上时，与安装有关的尺寸。

（4）外形尺寸：装配体的总长、总宽和总高尺寸。

（5）其他重要尺寸：对实现装配体的功能有重要意义的零件结构尺寸或运动件运动范围的极限尺寸。

4. 装配图的其他规定

（1）一般规定：装配图中的所有零部件都必须编写序号；一个部件（组合件）可以只编

写一个序号；同一装配图中相同的零部件只需编写一次，包括相同规格的标准件；零部件序号要与明细栏中的序号一致。

（2）序号的编排方法：装配图中编写零部件序号的常用方式有三种；同一装配图中编写零部件序号的形式应一致；指引线末端为圆点需指在部分轮廓内，指引线末端为箭头需指在该部分的轮廓线上；指引线可画成折线，但只可曲折一次；一组紧固件以及装配关系清楚的零件组，可采用公共引线；零件序号应沿水平或垂直方向按顺时针或逆时针方向排列，序号间隔最好相等。

（3）标题栏及明细栏：装配图中标题栏（GB/T 10609.1—2008《技术制图 标题栏》）格式与零件图相同，内容不同；明细栏（GB/T 10609.2—2009《技术制图 明细栏》）包括装配后必须保证的精度及装配要求，装配过程中及装配后必须保证其精度的各种检验方式对装配体的基本性能、维护保养、使用时的要求。

（4）技术要求：在装配图中用文字或国家标准规定的符号注写该装配体在装配、检验、使用等方面的要求。

 任务测评

对任务实施的完成情况进行检查，并将结果填入表 7-1-2。

表 7-1-2　任务测评表

序号	评分内容	评分明细	配分	扣分	得分
1	视图与表达（60 分）	主视图表达：主视图选择、零件缺失、配合关系等，缺一处或错一处扣 4 分，扣完为止	40		
		其他视图表达：视图配置、视图表达、表达不恰当，每处扣 2 分，扣完为止	20		
2	装配尺寸及序号（20 分）	装配尺寸表达：五大类尺寸（外形尺寸、装配尺寸、性能尺寸、安装尺寸、其他重要尺寸），缺少或不规范，一处扣 1.5 分，扣完为止	15		
		零件序号表达不符合国标 GB/T 4458.2—2003，不得分	5		
3	标题栏、明细栏及技术要求（10 分）	标题栏填写不符合要求，不得分	2		
		明细栏填写与任务书、装配图上信息不一致，不得分	2		
		技术要求根据机构装配图需求，酌情扣分	6		
4	安全文明生产（10 分）	违反安全文明生产，扣 5 分	5		
		损坏元器件及仪表，扣 5 分	5		
5	合　计		100		
6	学习体会				

巩固与提高

　　二维装配图是表达机构整体结构、各零部件装配连接关系、工作原理的图样，需要标注出必要的五大类尺寸（规格尺寸、装配尺寸、外形尺寸、安装尺寸、其他重要尺寸）、装配技术要求、零部件序号、标题栏与明细栏、技术要求等内容。本项目内容涵盖知识面较广、涉及内容较多。可通过本教材提供的教学资源库内的装配图纸进行识读、分析绘制，提高二维装配图的识读能力及绘制能力。

项目 8　优化结构

任务 1　凸轮轮廓曲线优化设计

学习目标

◇ 知识目标

1. 了解凸轮机构传动的组成、分类及应用。
2. 了解凸轮从动件常用的运动规律及其特点。
3. 掌握凸轮轮廓的设计方法。

◇ 能力目标

能分析凸轮机构传动存在的问题，并能进行简单的优化设计。

任务分析

根据机构的问题情境描述与限定工作要求，对机构进行结构优化。

问题情境描述：机构中凸轮传动部分在传动时有刚性冲击、振动、甚至卡死现象发生。

机构优化要求：

（1）请仔细观察本机构结构特征，判断机构能否满足传动要求。

（2）依据机构存在的问题，采用优化产品相关零件结构等举措优化机构。

凸轮传动部分在传动时有刚性冲击、振动现象发生，说明凸轮轮廓线的形状存在问题，优化从凸轮轮廓线入手。

方案 1：将现在的凸轮轮廓线圆弧相交改为圆弧相切。

方案 2：将现在的凸轮结构改为偏心轮机构。

任务实施

方案 1：将凸轮轮廓线圆弧相交改为圆弧相切，可以解决在传动时有刚性冲击、振动的问题。优化前如图 8-1-1 所示，优化后如图 8-1-2 所示。

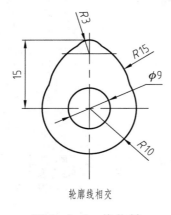

轮廓线相交

图 8-1-1　优化前

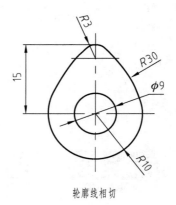

轮廓线相切

图 8-1-2　优化后

经过试验发现圆弧段曲率半径过小，从而使从动杆切向分力过大，造成运动卡死。从而进一步优化：① 加大 R30 圆弧部分半径；② 更换为偏心轮机构。

方案 2：将凸轮机构更换为偏心轮机构，如图 8-1-3 所示。

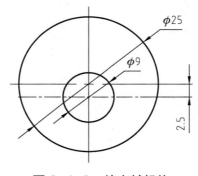

图 8-1-3　偏心轮机构

相关知识

1．凸轮机构

凸轮机构由凸轮 1、从动件 2、机架 3 三个基本构件及锁合装置组成，是一种高副机构。其中凸轮是一个具有曲线轮廓或凹槽的构件，通常做连续等速转动，从动件则在凸轮轮廓的控制下按预定的运动规律做往复移动或摆动。凸轮机构基本组成如图 8-1-4 所示。

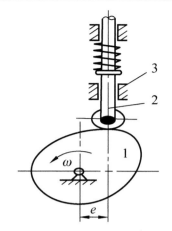

图 8-1-4　凸轮机构基本组成

　　压力角：凸轮轮廓线在接触点的法线方向与推杆上相应的接触点（同一点）的速度方向（推杆运动方向）之间所夹的锐角，如图 8-1-5 所示。凸轮机构的压力角与基圆半径、偏心距和滚子半径等基本尺寸有直接的关系，而且这些参数之间往往是互相制约的。

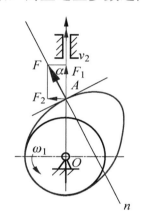

图 8-1-5　凸轮机构压力角

　　α 角即为压力角。

　　F_1 为有用分力，沿导路方向，推动从动杆件运动。

　　F_2 为有害分力，垂直于导路方向，增加摩擦力。

　　$F_1 = F\cos\alpha$　$F_2 = F\cos\alpha$，α 角越大，有害分力 F_2 越大，有用分力 F_1 越小。

　　α 角增大到一定程度，摩擦阻力大于有用分力时，此时无论凸轮给从动件的驱动力有多大，都不能推动从动件。机构发生自锁，出现卡死现象。

　　增大凸轮的基圆半径可以获得较小的压力角，从而可以改善机构的受力状况，但缺点是凸轮尺寸增大。

　　从动件的运动规律是通过凸轮轮廓与从动件的高副元素的接触来实现的，凸轮的轮廓曲线不同，从动件的运动规律不同。从动件的运动规律完全取决于凸轮轮廓线的形状。运动规律分为以下几种。

① 等速运动规律（直线）：存在刚性冲击，发生在运动的起始点和终止点，低速轻载。由于加速度发生无穷大突变而引起的冲击称为刚性冲击。在整个运动过程中，保持速度曲线连续可以避免刚性冲击。

② 等加速等减速运动规律（抛物线）：存在柔性冲击，发生在运动的起始点、中间点和终止点，中速轻载。由于加速度发生有限大突变而引起的冲击称为柔性冲击。在整个运动过程中，保持加速度曲线连续可以避免柔性冲击。

③ 余弦加速度运动规律（简谐）：柔性冲击，中速中载。

④ 正弦加速度运动规律（摆线）：无冲击，高速轻载。

为了获得更好的运动特征，可以把上述几种运动规律组合起来应用。组合时，两条曲线在拼接处必须保持连续。为避免刚性冲击，按照运动要求，选择合适的运动规律设计轮廓曲线。

运动规律应遵循以下原则。

① 对于中、低速运动的凸轮机构，要求从动件的位移曲线在衔接处相切，以保证速度曲线的连续。

② 对于中、高速运动的凸轮机构，则还要求从动件的速度曲线在衔接处相切，以保证加速度曲线的连续。

2. 偏心轮机构

偏心轮就是指装在轴上的轮形零件，轴孔偏向一边。轴旋转时，轮的外缘推动另一机件，产生往复运动。一般来说偏心轮主要的目的是产生振动即可，像电动筛子，手机里面的振动器用的都是偏心轮，大部分偏心轮都是圆形轮，因为圆形轮制造方便，工艺简单。

凸轮机构与偏心轮机构的区别：偏心轮本身就是凸轮的一种，凸轮由于动作要求不一样所采用的曲线形式也不一样，安装位置要求不一样所采用的凸轮方式也不一样，所以凸轮的方式有很多种，简单讲不是圆形的，并且绕着中心转动几乎都算是凸轮。凸轮并不一定偏心，比如一个椭圆形，绕着中心旋转，也是一个凸轮。

 任务测评

对任务实施的完成情况进行检查，并将结果填入表 8-1-1。

表 8-1-1 任务测评表

序号	评分内容	评分明细	配分	扣分	得分
1	问题判断准确性（10分）	判断准确得 10 分；部分准确得 5 分；不准确不得分	10		
2	优化方案合理性（30分）	优化方案最佳得 20 分，可行得 10 分，不可行不得分；关键点表达清晰得 10 分，不清晰不得分	30		
3	工程图表达情况（50分）	方案合理，零件图表达正确、清晰得 30 分；方案可行但不是最优得 15 分，不合理不得分	30		
		局部装配图清晰得 20 分，其他不得分	20		

续表

序号	评分内容	评分明细	配分	扣分	得分
4	安全文明生产（10 分）	违反安全文明生产，扣 5 分	5		
		损坏元器件及仪表，扣 5 分	5		
5	合　计		100		
6	学习体会				

巩固与提高

　　为保证方案设计得正确可靠，在结构优化设计时应遵循力学准则、工艺材料准则、装配准则等，结构优化设计时，必须首先确定一种基本结构方案，然后在此基础上开发出多种新的结构方案。请学习者在以上两种方案的基础上考虑更好的优化方案。

任务 2　凸轮周向固定优化设计

学习目标

　◇ 知识目标

　　1. 了解轴上零件的周向固定方法及特点。

　　2. 能正确选择轴上零件的周向固定方法。

　◇ 能力目标

　　会分析机构周向传动存在的问题，并能进行简单的优化设计。

任务分析

根据机构的问题情境描述与限定工作要求，对机构进行结构优化。

　　问题情境描述：机构中凸轮传动部分在传动时出现松动现象，使轴与凸轮在转动时有相对的转动。

　　机构优化要求：

　　（1）请仔细观察本机构结构特征，判断机构能否满足传动要求。

　　（2）依据机构存在的问题，采用优化产品相关零件结构等举措优化机构。

凸轮传动部分在传动时出现松动现象，使轴与凸轮在转动时不同步。说明凸轮与轴的轴向固定存在问题，优化从轴上零件的周向固定入手。

方案：将凸轮与轴的周向固定方式骑缝螺钉固定改为键连接。

任务实施

方案：将骑缝螺钉连接改为键连接。

（1）在轴颈加工键槽，如图8-2-1所示，具体尺寸参考《机械设计手册》。

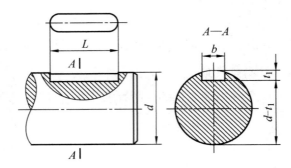

图 8-2-1　轴颈键槽

（2）在凸轮内孔加工键槽，如图8-2-2所示，具体尺寸参考《机械设计手册》。

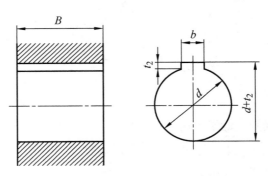

图 8-2-2　凸轮内孔键槽

（3）轴与凸轮装配，如图8-2-3所示。

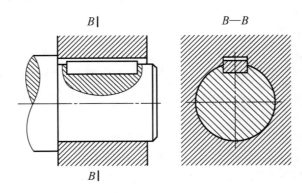

图 8-2-3　轴与凸轮装配

周向固定就是在圆周方向固定，被连接的物体转动时会以相同的角速度旋转。目的：传递运动和转矩，防止轴与轴上零件产生相对的转动。

轴上零件的周向固定形式及特点如下。

（1）键连接：以平键应用最广泛。加工容易，装拆方便。轴向不能固定，不能承受轴向力。键连接如图 8-2-4 所示。

（2）花键连接：具有接触面积大、承载能力强、对中性和导向性好，轴毂的强度削弱小等优点，适用于载荷较大、定心要求高的静、动连接。加工工艺较复杂，需专用设备，成本高。花键连接如图 8-2-5 所示。

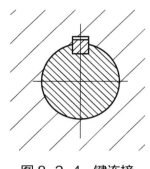

图 8-2-4　键连接

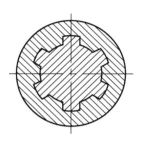

图 8-2-5　花键连接

（3）销钉连接：周向、轴向都可以固定，常用作安全装置，过载时可被剪断，防止损坏其他零件。不能承受较大载荷，对轴强度有削弱。销钉连接如图 8-2-6 所示。

（4）紧定螺钉：紧定螺钉端部拧入轴上凹坑（加工时配作）实现固定。结构简单，不能承受较大载荷，只适用于辅助连接。

（5）过盈配合：同时有轴向和周向固定作用，对中精度高。选择不同的配合有不同的连接强度。为装配方便，导入端应加工成锥面，拆卸不便，不宜用于重载和多次装拆的场合。过盈配合如图 8-2-7 所示。

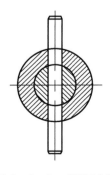

图 8-2-6　销钉连接

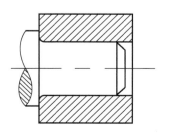

图 8-2-7　过盈配合

（6）骑缝螺钉：两个紧配合件装配在一起后，为防止两零件转动移位，在接缝处钻孔、攻丝，拧上紧定螺钉，此时这些螺钉就叫骑缝螺钉。其适合单件小批生产，操作复杂，难以在拆卸后复原，只能抵抗较轻的静载荷，不能用于冲击载荷。骑缝螺钉如图8-2-8所示。

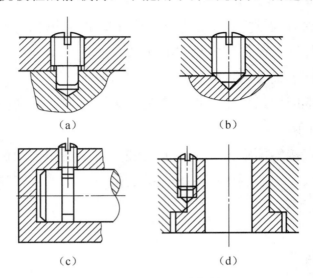

图 8-2-8　骑缝螺钉

骑缝螺钉因其只适合单件小批量的生产，且操作复杂，不能用于冲击载荷，一般在其他常用周向固定方式无法使用时才考虑使用。工作任务中，凸轮传动过程中出现松动，说明骑缝螺钉无法满足固定要求。

任务测评

对任务实施的完成情况进行检查，并将结果填入表8-2-1。

表 8-2-1　任务测评表

序号	评分内容	评分明细	配分	扣分	得分
1	问题判断准确性（10分）	判断准确得10分；部分准确得5分；不准确不得分	10		
2	优化方案合理性（30分）	优化方案最佳得20分，可行得10分，不可行不得分；关键点表达清晰得10分，不清晰不得分	30		
3	工程图表达情况（50分）	方案合理，零件图表达正确、清晰得30分，方案可行但不是最优得15分，不合理不得分	30		
		局部装配图清晰得20分，其他不得分	20		
4	安全文明生产（10分）	违反安全文明生产，扣5分	5		
		损坏元器件及仪表，扣5分	5		
5	合　计		100		
6	学习体会				

巩固与提高

　　为保证方案设计得正确可靠，在结构优化设计时应遵循力学准则、工艺材料准则、装配准则等，结构优化设计时，必须首先确定一种基本结构方案，然后在此基础上开发出多种新的结构方案。请学习者在以上方案的基础上考虑更好的优化方案。

中望 CAD 软件快捷键

别名（快捷键）	命 令	中 文
符号键（Ctrl 开头）		
Ctrl + 1	Propcloseoropen	对象特性管理器
Ctrl + 2	Adcenter	设计中心
Ctrl + 3	Ctoolpalettes	工具选项板
Ctrl + 9	Commandline	命令行
Ctrl + 0	CleanScreenON/OFF	最大化绘图区域
控 制 键		
Ctrl + A	Ai_Selall	全部选择
Ctrl + C 或 CO/CP	Copyclip 或 Copy	复制
Ctrl + D	Coordinate	坐标
Ctrl + E 或 F5	Isoplane	等轴测平面
Ctrl + K	Hyperlink	超级链接
Ctrl + N 或 N	New	新建
Ctrl + O	Open	打开
Ctrl + P	Print	打印
Ctrl + Q 或 Alt + F4	Quit 或 Exit	退出
Ctrl + S 或 SA	Qsave 或 Save	保存
Ctrl + V	Pasteclip	粘贴
Ctrl + X	Cutclip	剪切
Ctrl + Y	Redo	重做
Ctrl + Z	U	放弃
Ctrl + [	Cancelscurrentcommand	取消当前命令
组 合 键		
Ctrl + Shift + A 或 G	Group	切换组
Ctrl + Shift + C	Copybase	使用基点将对象复制到 Windows 剪贴板
Ctrl + Shift + S	Saveas	另存为

续表

别名（快捷键）	命　令	中　文
组 合 键		
Ctrl + Shift + V	Pasteblock	将 Windows 剪贴板中的数据作为块进行粘贴
Ctrl + Enter		要保存修改并退出多行文字编辑器
功 能 键		
F1	Help	帮助
F2	Pmthist	文本窗口
F3 或 Ctrl + F	Osnap	对象捕捉
F5 或 Ctrl + E	Isoplane	等轴测平面
F7 或 GI	Grid	栅格
F8	Ortho	正交
F9	Snap	捕捉
F10	Zwsnap	极轴
F11	Tracking	对象捕捉追踪
F12	Zwcmdline	动态输入
换 挡 键		
Alt + F6 或 Ctrl + Tab		打开多个图形文件，切换图形
Alt + F8	VBARun	宏
Alt + F11	VBAEditor	VisualBasic 编辑器
首字母快捷键		
A	Arc	圆弧
B	Block	创建块
C	Circle	圆
D	Ddim	标注样式管理器
E	Erase	删除
F	Fillet	圆角
L	Line	直线
M	Move	移动
O	Offset	偏移
P	Pan	实时平移
R	Redraw	更新显示
S	Stretch	拉伸
W	Wblock	写块
Z	Zoom	缩放
前两个字母快捷键		
AL	ALign	对齐
AP	APpload	加载应用程序
AR	ARray	阵列
BA	BAse	块基点
BO 或 BPOLY	BOundary	边界

别名（快捷键）	命　令	中　文
前两个字母快捷键		
BR	BReak	打断
DI	DIst	距离
DO	DOnut	圆环
DV	DView	命名视图
EL	ELlipse	椭圆
EX	EXtend	延伸
FI	FIlter	图形搜索定位
HI	HIde	消隐
ID	IDpoint	三维坐标值
IM	IMage	图像管理器
IN	INtersect	交集
LA	LAyer	图层特性管理器
LI 或 LS	LIst	列表显示
LW	LWeight	线宽
MA	MAtchprop	特性匹配
ME	MEasure	定距等分
MI	MIrror	镜像
ML	MLine	多线
MS	MSpace	将图纸空间切换到模型空间
MT 或 T	Mtext 或 mText	多行文字
MV	MView	控制图纸空间的视口的创建与显示
OS	OSnap	对象捕捉设置
OP	OPtions	选项
OO	OOps	取回由删除命令所删除的对象
PA	PAstespec	选择性粘贴
PE	PEdit	编辑多段线
PL	PLine	多段线
PO	POint	单点或多点
PS	PSpace	切换模型空间视口到图纸空间
PU	PUrge	清理
QT	QText	快速文字功能的打开或关闭
RE	REgen	重生成
RO	ROtate	旋转
SC	SCale	比例缩放
SE	SEttings	草图设置
SL	SLice	实体剖切
SN	SNap	限制光标间距移动
SO	SOlid	二维填充

续表

别名（快捷键）	命 令	中 文
前两个字母快捷键		
SP	SPell	检查拼写
ST	STyle	文字样式
SU	SUbtract	差集
TH	THickness	设置三维厚度
TI	TIlemode	控制最后一个布局（图纸）空间和模型空间的切换
TO	TOolbar	工具栏
TR	TRim	修剪
UC	UCsman	命名 UCS
VS	VSnapshot 或 VSlide	观看快照
WE	WEdge	楔体
XL	XLine	构造线
XR	XRef	外部参照管理器
前三个字母快捷键		
APE	APErture	设置对象捕捉靶框的大小
CHA	CHAmfer	倒角
DIM	DIMension	访问标注模式
DIV	DIVide	定数等分
EXP	EXPort	输出
EXT	EXTrude	面拉伸
IMP	IMPort	输入
LEN	LENgthen	拉长
LTS	LTScale	线型的比例系数
POL	POLygon	正多边形
REN	REName	重命名
PRE	PREview	打印预览
REC	RECtangle	矩形
REG	REGion	面域
REV	REVolve	实体旋转
SCR	SCRipt	运行脚本
SEC	SECtion	实体截面
SHA	SHAde	着色
SPL	SPLine	样条曲线
TOL	TOLerance	公差
TOR	TORus	圆环体
UNI	UNIon	并集
两个字母（间隔）快捷键		
TM	TiMe	时间
DT	TeXt 或 DText	单行文字

续表

别名（快捷键）	命　令	中　文
两个字母（间隔）快捷键		
RA	RedrawAll	重画
LT	LineType	线型管理器
HE	HatchEdit	编辑填充图案
IO	InsertObj	OLE 对象
三个字母（间隔）快捷键		
DST	DimSTyle	标注样式
DAL	DimALigned	对齐标注
DAN	DimANgular	角度标注
DBA	DimBAseline	基线标注
DCE	DimCEnter	圆心标注
DCO	DimCOntinue	连续标注
DDI	DimDIameter	直径标注
DED	DimEDit	编辑标注
DLI	DimLInear	线性标注
DOR	DimORdinate	坐标标注
JOG	DimJOggeddimJOGged	折弯标注
DOV	DimOVerride	标注替换
DRA	DimRAdius	半径标注
IAD	ImageADjust	图像调整
IAT	ImageATtach	附着图像
ICL	ImageCLip	图像剪裁
无规律的个别快捷键		
X	eXplode	分解
H 或 BH	bHatch	图案填充
I	ddInsert 或 INSERT	插入块
LE	qLEader	快速引线
AA	AreA	面积
3A	3dArray	三维阵列
3F	3dFace	三维面
3P	3dPoly	三维多段线
VP	ddVPoint	视图预置
UC	ddUCs	命名 UCS 及设置
UN	ddUNits	单位
ED	ddEDit	编辑
ATE	ddATtE 或 ATTEDIT	单个编辑属性
ATT	ddATTdef	定义属性
COL	setCOLor	选择颜色
INF	INterFere	干涉

续表

别名（快捷键）	命　令	中　文
无规律的个别快捷键		
REA	REgenAll	全部重生成
SPE	SPlinEdit	编辑样条曲线
LEAD	LEADer	引线
DIMTED	DIMTEDit	编辑标注文字
CLIP	xCLIP	外部参照剪裁

参 考 文 献

[1] 广州中望龙腾股份有限公司编. 中望机械 CAD 使用手册【M】. 广州，2014

[2] 蒋继红，姜亚南. 机械零部件测绘. 机械工业出版社，2019.1

[3] 王旭东，周岭. 机械制图零部件测绘. 暨南大学出版社，2014.6

[4] 王家祥，陆玉兵. 机械制图测绘实训. 北京理工大学出版社，2015.12

[5] 崔陵. 零件测量与质量控制技术. 高等教育出版社，2014.9

[6] 赵勇. 模具设计与制造实例教程. 清华大学出版社，2017.3